건설산업 혁신의 키워드,
인공지능과 빅데이터

손정욱
이화여자대학교

김태완
인천대학교

1장 건설산업의 Context	6
1.1 건설산업의 환경변화	8
1.2 건설산업 혁신을 위한 노력	16
1.3 건설산업의 미래	25
2장 인공지능과 빅데이터 기술	30
2.1 인공지능과 빅데이터의 개념	32
2.2 인공지능과 빅데이터의 발전	41
2.3 인공지능·빅데이터의 역할 ① 비정형 데이터로부터 정보를 만들어내기	47
2.4 인공지능·빅데이터의 역할 ② 데이터와 정보를 분석하기	53
2.5 인공지능·빅데이터의 역할 ③ 상황을 파악하기	59
2.6 인공지능·빅데이터의 역할 ④ 판단하고 추천하기	65
2.7 인공지능·빅데이터의 역할 ⑤ 최적 대안 만들기	71

3장 건설산업에서의 인공지능과 빅데이터의 활용　　78

3.1　설계대안의 자동생성　　80

3.2　설계 지원 및 상세화　　86

3.3　작업자 동선 파악 및 안전관리　　91

3.4　스케줄 및 작업계획　　96

3.5　프로젝트 진행 기록 및 모니터링　　101

3.6　건설현장 모니터링 및 관리　　107

3.7　스마트 건설장비 및 로봇　　113

4장 인공지능과 빅데이터로 변화될 건설산업의 미래　　118

4.1　인공지능·빅데이터 시대의 건설산업　　120

4.2　인공지능·빅데이터가 할 수 있는 일과 없는 일　　125

4.3　인공지능·빅데이터를 활용하는 회사와 인재　　130

4.4　인공지능·빅데이터 시대의 건설 엔지니어와 교육　　135

참고문헌　　141

권3. 건설산업 혁신의 키워드, 인공지능과 빅데이터

1.1 건설산업의 환경변화
1.2 건설산업 혁신을 위한 노력
1.3 건설산업의 미래

건설산업의 Context

1

건설산업의 context

1.1
건설산업의 환경변화

최근 건설산업은 새로운 국면을 맞이하고 있다. 건설산업은 기존의 산업단지와 상업시설·운송시설 등을 구축하여 산업의 기반을 마련하고 주거시설과 교통 및 생활 인프라 등 사회의 근간을 건설하며 생산 주도적인 역할을 해 왔다. 이에 더해 빠르게 변화하는 사회의 요구에 대응하고 4차 산업혁명으로 대변되는 기술혁신을 통해 한 단계 도약할 것을 요구받고 있다. 이러한 변화는 국가별 양상은 다르지만 세계적 흐름으로 이어지고 있으며, 정치·경제·사회의 모든 분야에서 근본적인 가치와 운영방식에 대한 재평가를 일으킨 코로나 사태 이후 더욱 가속화되고 있다.

사회적 요구의 변화

산업발전 및 경제성장과 더불어 나타나는 필연적인 사회현상인 도심지역의 확대와 밀집화는 전 세계적인 경향이다. 국제연합UN에 따르면 전 세계 인구 중 도심지역에 거주하는 비율은 2018년 55%에서 2050년 68%(총 25억 명)로 증가하고, 2030년에는 인구 1,000만 명 이상의 도시가 43개로 늘어날 전망이다. 여러 국가는 이러한 도심화와 과밀화로 인해 주택공급, 교통시스템, 에너지시스템, 교육 및 의료체계 등의 분야에서 수요를 충족시키는 데 어려움을 겪고 있다. 이에 도심지역의 적정주택Affordable Housing공급을 선결과제로 다루고 있으며, 대규모 도심지역에 적합한 교통·에너지시스템을 포함한 생활인프라를 구축하기 위해 노력하고 있다.

지속적인 인구증가와 경제성장, 기술발전 등으로 인해 에너지 소비량은 꾸준히 늘어나고 있다. 2050년까지 전 세계 에너지 소비량은 약 39% 증가할 것으로 예상되며, 전력 소비는 거의 2배로 증가할 전망이다. 이 중 건설산업과 건물사용 부문은 2018년 기준 전 세계 에너지의 약 36%를 소비하였으며, 이 결과 전체 이산화탄소 배출량의 39%를 차지하였다. 세계 각국은 미래의 에너지 수요증가와 기후변화에 대응하기 위한 다각적인 노력을 기울이고 있으며, 이를 통해 2015년 채택된 파리협정을 이행하고 UN의 지속가능한 개발목표를 달성하는 방안을 마련하고 있다. 특히 에너지 소비의 큰 부분을 차지하는 건설산업 및 건물사용 부문의 노력이 중요함에 따라 저탄소 녹색도시 계획, 신재생에너지 확충, 제로에너지 건축물 확대 등을 통한 탈탄소화 방안이 검토되고 있다.

도시화와 관련 인프라의 발달은 또한 시설물의 유지관리 수요를 증가시키고, 도심지역에서의 재난 발생으로 인한 심각한 피해 우려를 높이고 있다. 도시화가 진행되면서 건축시설물과 인프라는 꾸준히 증가하고 있으며, 이에 따른 유지관리 및 노후화로 인한 성능개선 수요도 시간이 지나면서 급격히 늘어나고 있다.

미국은 2017년 사회기반시설 종합평가에서 주요 시설물 대다수가 설계수명이 다해 위험 수준에 이르고 있는 것으로 나타났으며, 이를 개선하기 위해 2025년까지 미국 국내총생산GDP의

---

1   상호연관성(interdependency): 전기, 통신, 에너지, 상하수도, 보안, 교통 등 시설들의 기능이 서로 간에 의존적으로 작동함
2   확산효과(cascading effect): 한 시스템에서의 오동작, 고장, 붕괴 등이 예상치 못한 방향으로 다른 시스템에서 연쇄적으로 발생하는 현상

2.5~3.5%(총 2조 달러, 약 2,346조 원)를 추가로 투자해야 할 것으로 예상하였다. 일본도 1970년대에 집중적으로 건설한 사회기반시설이 고령화되어 유지보수가 시급하며 시설물의 장수명화를 위한 정책을 추진하고 있다. 국내에서도 앞으로 10년 안에 준공 후 30년이 지나는 시설물이 전체의 26.8%에 달할 것으로 예측되었으며, 노후 인프라 개선을 위해 관련 정책과 제도가 개선돼야 한다는 분석이 제기되었다.

한편 도심지역의 시설물과 인프라 간의 상호연관성이 높아짐에 따라 자연재해 또는 인위재해 발생 시 확산효과로 그 피해가 기하급수적으로 증가할 가능성이 높다. 전 세계 33곳의 메가시티 중 24곳은 적어도 한 가지 유형의 자연재해에 대한 높은 수준의 위험에 노출되어 있는 것으로 나타났으며, 이로 인한 피해는 점차 증가할 것으로 분석되었다. 서울의 경우 태풍·가뭄·홍수로부터 가장 취약한 것으로 나타났으며, 화재와 붕괴 등 인위재해에 의한 피해도 꾸준히 발생하고 있다. 도심지역에서의 재해 발생을 예방하고 피해를 최소화하기 위한 안전관리와 재난대응 시스템을 구축할 필요성이 꾸준히 제기되고 있다.

건설산업 생산성 정체

건설산업에서 생산성 정체 문제는 꽤 오래된 이슈이다. 2017년 매킨지 보고서에서도 지난 20년간 건설산업의 노동생산성 증가

---

3   2005~2014년 동안 전 세계적으로 연간 자연재해 발생 건수는 335건으로 이전 기간에 비해 거의 2배 증가하였으며, 1998~2017년 동안 재해로 인한 직접적인 손실은 약 2조 9,000억 달러로 이전 기간의 2.3배 증가한 것으로 나타남

4   미국 ASCE의 "Productivity in civil engineering and construction."(1983). Civ. Eng., 53(2), 60~63과 Arditi, D.(1985). "Construction productivity improvement." J. Constr. Eng. Manage., 1~14. 이후 꾸준히 지적되어 옴

율은 연평균 1%로 다른 모든 경제 부분(2.7%)과 타 제조업 평균(3.6%)에 한참 못 미치는 것으로 나타났다.

국가별 생산성 경향을 살펴보면 세계 건설시장은 △미국, 일본, 영국, 프랑스, 스페인 등 생산성이 높으나 정체되어 있는 건설 선진국Declining Leader△벨기에, 호주, 이스라엘 등 상대적으로 높은 생산성과 증가율을 보이는 아웃퍼포머Outperformer△중국, 터키, 남아프리카공화국, 러시아, 인도 등 생산성은 다소 낮으나 빠르게 성장하고 있는 신흥국Accelerator△사우디아라비아, 멕시코, 브라질 등 낮은 생산성과 함께 마이너스 증가율을 보이고 있는 성장후퇴국Laggard으로 구분된다.

국내 건설산업 생산성은 시간당 13달러(약 1만 5,200원)[5] 수준으로 사우디아라비아·싱가포르와 비슷한 수준이며, 미국·영국·프랑스·일본 등 해외건설 시장의 주요 국가 대비 35% 수준에 머물러 있는 것으로 분석되었다. 생산성 증가율은 최근 경쟁국으로 떠오른 중국(6.7%), 터키(3.5%), 인도(2.4%) 등에 못 미치는 수준으로 나타나 건설산업의 효율성 향상과 혁신적 발전이 시급한 상황임을 알 수 있다.

건설산업의 전반적인 생산성 정체는 프로젝트 복잡성 증가, 광범위한 규제, 산업의 부패, 불투명하고 분절된 건설과정, 계약방식에 부합하지 않는 인센티브 시스템, 발주자의 비전문성, 설계 및 프로젝트 관리능력 부족, 숙련된 기능인력 부족, 디지털화

---

5   2005년 달러 가치를 기준으로 제시된 수치임. 단위: 2005$ per hour worked by persons employed

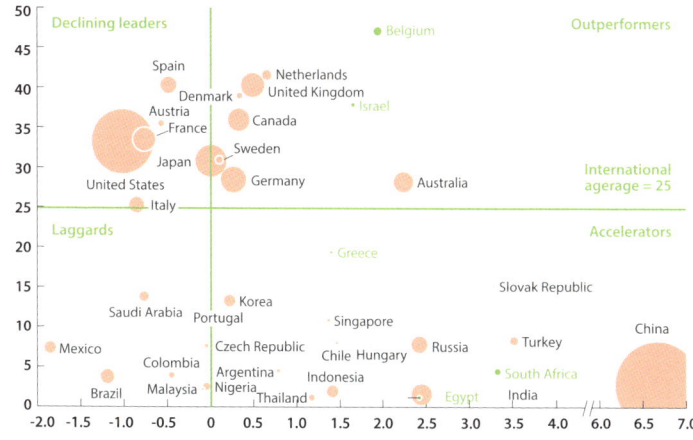

국가별 건설 분야 생산성 분석[6]

및 혁신에 대한 투자 부족 등에서 기인한다. 각각의 원인을 개선하면 생산성을 최대 50~60% 높일 수 있을 것으로 전망된다.[7] 최근 국내에서는 정부가 2018년 '건설산업 혁신방안'과 '스마트 건설기술 로드맵' 등을 발표하고 기술혁신, 생산구조 개편, 시장질서 개선, 인재양성을 통해 건설산업의 체질을 개선하고 생산성을 높이기 위한 노력을 시작한 바 있다.

---

6   McKinsey & Company(2017), Reinventing Construction: A Route to Higher Productivity
7   각각의 개선항목 중 협업 및 계약시스템 개선에 8~9%, 설계 및 엔지니어링 효율화에 8~10%, 구매 및 공급사슬 관리 효율화에 7~8%, 프로젝트 관리 능력 향상에 6~10%, 기술개발 및 혁신에 14~15% 생산성 향상을 전망함

뉴노멀 시대로의 전환

앞서 언급한 건설산업이 직면한 사회적·산업적 환경변화는 건설산업을 여러 방면에서 새롭게 전환하고 있다. 각 국가는 변화된 환경에 대응하기 위해 전략적인 대응 방안을 마련하여 추진하고 있으며, 기업들은 기술개발 및 경영혁신에 심혈을 기울이고 있다. 대표적으로 건설의 공업화Industrialization와 신소재 개발 등 기존의 생산방식을 다변화하기 위한 기술개발 노력이 이루어지고 있으며, 디지털화와 자동화를 통해 효율성을 높이기 위한 투자를 확대하고 있다.

2019년 시작된 코로나 사태는 이러한 건설산업의 전환을 가속하고 있다. 코로나 사태로 인해 사회적 거리두기, 재택근무, 높아진 위생 수준은 일상화가 되었다. 아울러 건강과 안전에 대한 우려, 새로운 사업의 중단, 공급사슬의 붕괴, 외국으로의 여행 금지 등으로 인해 사회와 경제의 모든 부분에서 어려움을 겪고 있다. 그로 인해 화상회의와 원격업무 시스템의 도입이 증가하는 가운데 스마트오피스, 가상·증강현실 기반 플랫폼, Robotic Process Automation^{RPA}, 로봇 등의 '언택트 기술'들이 각광받고 있다.

건설산업에서도 디지털화와 자동화에 기반한 '언택트 기술'이 다양한 부분에서 개발되어 활용될 것이며, 점차 건설의 뉴노멀로 자리 잡게 될 것이다. 향후 건설의 뉴노멀 시대를 주도할 경

---

8   뉴노멀(New Normal): '새로운 표준'이라는 의미로 시대 변화에 따라 새롭게 부상하는 질서와 표준을 의미함
9   사람이 컴퓨터로 하는 반복적인 업무를 로봇 소프트웨어를 통해 자동화하는 기술

시장 환경 변화	미래를 주도할 산업 경향	새로운 요인
· 적정주택 공급에 대한 비용 부담 · 발주자 요구사항 다변화 · 생애주기비용 관리 필요성의 증대 · 프로젝트 복잡화 · 간소화된 디지털 소통 방식에 대한 수요 · 지속가능성 요구사항 증가 · 안전 성능에 대한 요구사항 증가	OSC 생산 방식의 활용 기업 특성화 공급사슬 통합적 생산방식	공업화 OSC를 가능하게 하는 새로운 생산 기술 신소재 물류 개선을 가능하게 하는 가볍고 새로운 소재
· 숙련기능인력 부족 · 신소재 및 신공법에 따른 생산방식 변경사항 증가	기업결합을 통합 역량 확보 다양한 마케팅 기법 활용 기술 및 시설 투자 증대 인재 확보의 중요성 증대	제품과 과정의 디지털화 디지털화를 통한 데이터 중심의 의사결정
· 안전 및 지속가능성 측면 규제 강화 · 새로운 건설방식에 대한 규제 및 인센티브 변경	국제화 지속가능성의 가치 증대	신규 진입자 새로운 비즈니스 모델을 제시하는 플레이어 등장

건설산업의 환경변화 및 변화될 모습[11]

향으로는 OSC^{Off-Site Construction}[10] 생산방식의 활용, 기업 특성화(기업별 특성화된 시장, 기술, 제품을 보유함), 공급사슬 통합적 생산방식, 기업 간 결합을 통한 역량 확보, 다양한 마케팅 기법의 활용을 통한 고객 확보, 기술 및 시설 투자 증대(OSC 생산방식을 위한 공장건설, 기술 및 제품 개발), 인재 확보의 중요성 증대, 국제화, 지속가능성의 가치 증대 등 9가지로 전망된다.

10　건축시설물이 설치될 부지 이외의 장소에서 부재(Element), 부품(Part), 선조립 부분(Pre-assembly), 유닛(Unit, Modular) 등을 생산 후 현장에 운반하여 설치 및 시공하는 건설방식
11　McKinsey & Company(2020), The next normal in construction

건설산업의 context

1.2
건설산업 혁신을 위한 노력

건설산업 또한 혁신을 위하여 지속적인 노력을 기울여 왔다. 생산성을 높이기 위해서는 건설산업이 만들어내는 제품(건축물과 인프라 시설, 플랜트 등)이 더 높은 시장가치를 가지든지, 혹은 동일한 제품을 만드는 데 들어가는 자원이 적어야 할 것이다. 제품의 시장가치는 수요와 공급에 따른 시장 논리에 의해 향상되기도 하지만 근본적으로 제품의 품질이 더 우수해져야 한다. 예를 들어 아파트가 예전보다 더 방수나 방음 효과가 좋다거나, 공장에서 동일한 환경과 생산량을 유지하더라도 적은 양의 전기를 사용하게 한다든가 하는 식이다.

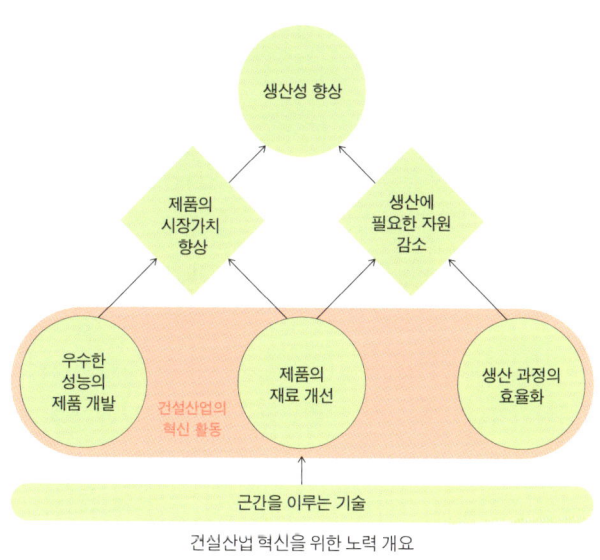

건설산업 혁신을 위한 노력 개요

한편 제품 생산에 들어가는 자원을 적게 소모하기 위해서는 생산 과정을 효율화하는 것이 효과적이다. 소프트웨어적으로 정보를 가공하고 저장하는 과정을 자동화하거나, 하드웨어적으로 로봇이나 새로운 장비를 이용해서 단위 작업을 하는 노력을 줄이면 된다.

제품의 재료 개선은 제품의 시장가치를 높이는 데도 기여할 수 있고, 생산 과정에 투입되는 자원을 낮추는 데도 도움을 줄 수 있다. 건설산업의 혁신 활동은 컴퓨터, 정보기술, 로보틱스, 재료공학, 경영공학 등 여러 기술을 근간으로 하여 우수한 성능의 제품을 개발하고, 제품의 재료를 개선하며, 생산 과정을 소프트웨어적으로나 하드웨어적으로 자동화하는 것에 있다.

건설산업 혁신의 예

건축물의 성능은 지속적으로 향상되어 왔다. 건축물의 재료 또한 경량·고강도·단열성·내구성·내화성능 등의 향상이 지속적으로 이루어지고 있으며, 1960년대 무렵의 철근콘크리트 고강도화의 효과로 건축물은 고층화·장경간화·장수명화·비정형화 등의 혁신을 이어가고 있다. 또한 현재의 건축물은 예전보다 더 우수한 실내환경을 제공하고 있으며, 기후변화로 인한 영향을 줄이기 위해 친환경 건축물로 진화하고 있다. 거주자의 안전과 건강을 생각한 건강주택 개념이 확산되고 있으며, 화재 등 사고 시 거주

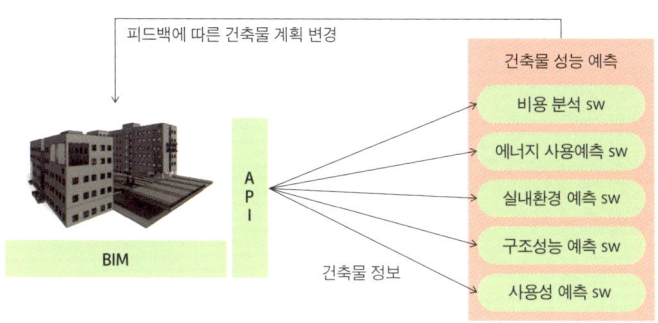

BIM을 통한 건축물의 성능 향상

자의 대피를 효율적으로 지원할 수 있도록 계획·생산되고 있다. 예전에는 존재하지 않았던 여러 센서와 제어장치들이 건축물에 설치되어 에너지 사용을 모니터링하고 건축물을 제어하여 사용자들에게 더 쾌적한 공간을 제공한다.

BIMBuilding Information Management기술의 등장은 주어진 자원 안에서 고성능 건축물을 계획하고 생산하기 위한 건설산업 혁신의 기틀을 제공하고 있다. BIM은 건축물에 대한 아이디어를 표현하고 공유하기 위한 도면 시스템을 컴퓨터로 옮기기 위해 1960년대 이후 3D 형상 모델링부터 꾸준히 연구되어 온 혁신의 결과물이다[12]. BIM은 기존의 CADComputer Aided Design와는 다르게 건축물을 구성하는 부재들을 객체 형태로 그리고 파라메트릭Parametric[13] 형태로 모델링함으로써 컴퓨터가 스스로 건축물을 구성하는 부재를 이해하고 주변 맥락에 맞춰 부재의 형태를 변경

---

12   Eastman 등, BIM 핸드북, 이강 등 역, 시공문화사, 2014.
13   부재의 형상을 개별적으로 모델링하지 않고 다른 부재와의 관계를 규칙으로 정의함으로써 다른 부재의 관계가 변하면 주어진 규칙에 맞춰 해당 부재의 형상을 스스로 수정할 수 있도록 함

할 수 있도록 가능성을 열었다. 또한 BIM 소프트웨어가 제공하는 API Application Programming Interface[14]를 통해 건축물에 대한 정보를 다른 소프트웨어들이 인간의 도움 없이 쉽게 획득하고 가공할 수 있게 함으로써 건축물의 성능을 미리 시뮬레이션하고 빠르게 설계자에게 제공해 설계자가 최적 성능을 발현할 수 있는 건축물을 계획하기 쉽게 되었다.

건설산업의 소프트웨어적인 측면에선 프로젝트 참여자 간의 협력적인 업무 방식을 통해 생산 과정의 효율성을 높이기 위한 통합발주방식Integrated Project Delivery등의 발주방식, 건축프로젝트의 수행 과정을 사전에 재현해 봄으로써 계획의 완성도를 높이고 발생 가능한 문제를 사전에 해결할 수 있는 프리콘Pre-Con 서비스, 건축물의 생산에 필요한 자재·정보·인력·장비 등의 정보를 통합하여 이들을 적시에 제공하기 위한 AWP Advanced Work Packaging의 도입 등 혁신을 이어가고 있다. 이와 함께 사업관리정보시스템PMIS, 지식경영시스템KMS등을 경영정보시스템과 결합함으로써 정보의 취합과 흐름을 원활하게 하는 등 건설정보를 효율적으로 다루기 위한 노력을 지속적으로 해 왔다.

하드웨어적 측면에서는 건설장비 혁신과 무인화, 로보틱스 기술의 적용 등을 통해 혁신을 꾀하여 왔다. 콘크리트 바닥면 처리나 철골 용접과 철근 배근 등을 돕는 장비들이 1970년대 후반부터 속속 개발되어 왔으며, 센싱기술·소형화기술·통신기술 등의

---

14 운영체제와 응용프로그램 사이의 통신에 사용되는 언어나 메시지 형식

접목으로 보다 효율적이고 적용성 높은 방향으로 진화되고 있다. 우리나라에서도 1980년대 이후 건설자동화를 위해 노력하면서 PHC 파일 항타 시 두부 정리 자동화 장비, 초고층 빌딩 커튼월 시공 장비, 철골구조 용접 로봇 등의 실용화가 이루어졌다[15]. 건축물을 현장 밖에서 제작·조립하여 운송 후 현장에서 설치하는 방식인 OSC 생산방식과 부재 표준화도 건축물의 생산을 효율적으로 하려는 건설산업 혁신의 노력이다. 공장 환경의 구축과 이곳에서의 건축물 생산은 건설장비와 로봇의 도입을 보다 쉽게 하

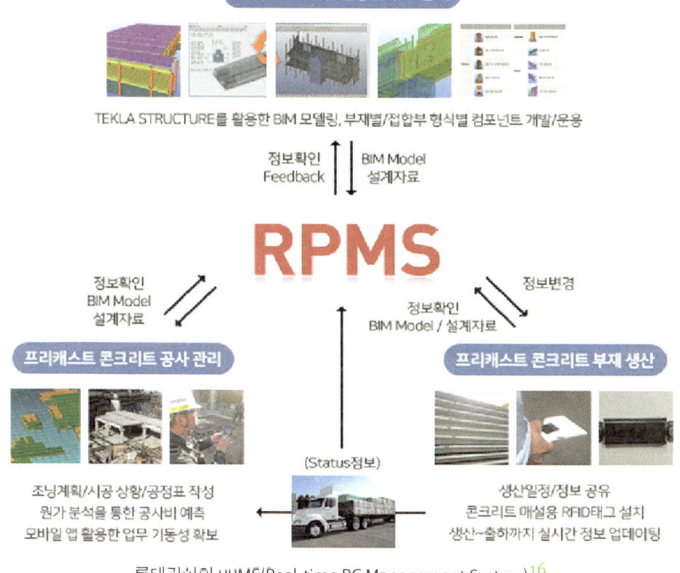

롯데건설의 RPMS(Real-time PC Management System)[16]

15 강경인, 건설자동화 기술의 현황 및 전망, 건설기술, 쌍용, 40, 8-13, 2006.
16 https://m.edaily.co.kr/

고 대량생산을 가능케 함으로써 생산의 속도를 올리고 단가는 낮출 수 있는 기회를 제공한다.

건설산업 혁신의 방향

세계경제포럼에서는 10가지 기술을 중심으로 한 건설산업 혁신의 방향을 제시한 바 있다[17]. 실제 많은 건설회사와 연구자들이 이러한 방향의 혁신을 위해 노력하고 있으며, 소프트웨어와 하드웨어 기술들이 속속 개발되고 있다. 제시된 건설산업 혁신 방향은 다음과 같다.

① 프리패브[18]/모듈러 공법을 활용한 건축물 생산
② 신소재를 개발하여 건축물 생산에 활용
③ 3D 프린터를 활용한 건축물 생산
④ 무인화 혹은 원격 장비를 통한 건축물 생산
⑤ 증강현실 및 시각화 장비를 통해 현황 파악 및 의사결정 지원
⑥ 빅데이터와 예측적 분석을 통한 현황 파악 및 의사결정 지원
⑦ 사물인터넷을 통한 생산자원의 초연결
⑧ 클라우드를 통한 건축물과 생산 데이터 저장으로 협업환경 제공
⑨ 3D 스캐닝을 통해 현장의 수시 감독 및 진도 데이터 관리
⑩ BIM을 통한 건축물 모델링 및 생산 관리

---

17 https://www.weforum.org/
18 건축 부재를 미리 공장에서 생산하여 현장에서 조립하여 건설하는 것

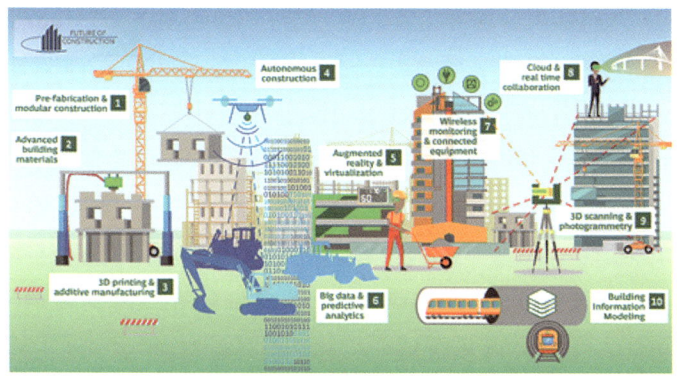
세계경제포럼에서 제시하는 건설산업 혁신의 방향

건설산업 혁신과 인공지능/빅데이터

앞서 살펴본 바와 같이 건설산업은 사회적 요구의 변화에 대응하고 생산성 정체 문제를 해결하고자 꾸준히 혁신을 위한 노력을 기울여오고 있다. 그 노력은 건축물의 모델링과 성능 최적화, 건축 신재료의 개발과 적용, 건축물 생산을 위한 새로운 발주제도와 관리기술 도입, 장비의 혁신, 생산 과정의 공장화 및 현대화 등 전방위적이다. 전문가마다 의견의 차이는 있겠지만 이러한 혁신의 방향은 3D 프린팅, 3D 스캐닝, 증강현실과 가상현실, 클라우드 컴퓨팅, 사물인터넷, 정보 모델링 등 다양한 기술을 포함한다.

이러한 혁신을 위한 일련의 노력과 기술은 인공지능이나 빅데이터의 적용을 통해 새로운 가능성을 얻을 수 있다. 종래 건설 프로젝트와 현장은 매우 제한적인 양의 데이터를 수집해 왔으며 이마저도 데이터의 수집 시기와 방법의 한계, 비정형 데이터의 처리 문제, 데이터의 정확도에 대한 의문 등으로 인해 건설산업 혁신을 위해 잘 쓰이지 못해 왔던 것이 사실이다. 이제 3D 스캐닝, 증강현실, 사물인터넷 등의 기술이 적용되면 지금까지와는 비교도 안 되는 더 많은 데이터가 건설 프로젝트와 현장에서 쏟아져나올 것이고, 이들을 적시에 가공하여 프로젝트의 성과를 향상시키는 데 사용할 수 있느냐 없느냐가 프로젝트의 성패에 영향을 미칠 것이다. 이러한 빅데이터를 처리하고 프로젝트 참여자의 분석과 판단을 도와주기 위해서는 인공지능의 도움이 필수적이다. 즉 건설산업 혁신의 방향에 속도를 불어넣고 현실성을 제공하는 것은 결국 인공지능·빅데이터 기술이다.

1.3
건설산업의 미래

건설산업의 미래 트렌드

향후 10~20년의 건설산업은 과거와는 매우 다른 양상으로 전개될 것으로 전망된다. 세계경제포럼WEF등에서 제시한 미래 건설 메가트렌드를 살펴보면 가장 주요한 트렌드로 인프라 관련 수요 증가와 개발도상국 등 새로운 시장의 등장을 제시하였으며 사회 안전 및 주택난, 에너지 효율화 및 기후변화, 환경보호 및 지속가능성 관련 규제 강화, 기술인력 및 기능인력 부족 등도 꼽았다. 국가별 정치·경제적 여건에 따라 다소 차이는 있겠지만 이러한 트렌드 변화는 정부와 기업들로부터 기존과는 다른 역할을 요구하게 될 것이며, 이를 달성하기 위한 새로운 목표 설정과 혁신적인 기술개발이 필요하게 될 것이다.

World Economic Forum[19]	Accenture[20]
· 인프라의 노후화 및 수요 · 자금조달의 부족 · 프로젝트의 복잡성 증가 · 에너지 사용 및 기후변화 · 개발도상국과 세계 건설시장의 수요 증대 · 기능인력 부족 및 고령화 · 자원 사용 및 폐기물 사용 등에 대한 요구사항 증대 · 인프라와 시설물 관련 사회안전 문제 · 도심화 및 주택난 · 보건, 안전, 환경, 노동 관련 법과 규제	· 신흥 건설시장의 성장 · 메가시티의 출현 및 인프라 수요의 증가 · 자금조달 경쟁 심화 · 우수인력 확보의 어려움 · 신재생에너지 사용 증가 및 에너지 효율화 · 신기술(OSC 생산방식, 빅데이터, 인공지능 등) 적용을 통한 혁신 · 환경보호 및 지속가능성에 대한 기준 향상

건설산업의 향후 메가트렌드 전망

---

19 World Economic Forum(2016), Shaping the Future of Construction: A Breakthrough in Mindset and Technology
20 Accenture(2021) Seven Trends Transforming the Construction Marketplace

건설산업의 미래 트렌드를 이끌 다른 축은 4차 산업혁명과 언택트 기술, OSC 생산방식 등의 적용을 통한 혁신이다. 정부와 기업들은 사회·경제적 환경변화에 대응하기 위한 목표를 달성하기 위해 현장자원 중심의 개별적 건설생산방식에서 다변화하여 통합적인 기술기반의 스마트 생산방식의 활용을 증대할 것이다. 이를 위해 OSC 생산방식과 공급사슬 통합적 생산방식을 도입하여 산업의 전반적인 생산구조를 효율화할 것이며, 기업 간 결합 기술 및 시설 투자 확대와 우수한 인재 유치 및 국제화를 통한 경쟁력 향상을 도모할 것으로 예상된다. 이러한 혁신적인 변화를 가능하게 만들기 위해서는 인공지능과 빅데이터로 대변되는 4차 산업혁명 기술의 활용이 필수적이다. 인공지능과 빅데이터 기술의 적용은 산업의 각 영역에서 지금까지의 기술개발, 자동화·스마트화, 생산성 개선 노력과 결합하여 혁신적인 결과를 얻을 수 있을 것으로 기대된다.

건설의 미래 유망 기술

세계 각국은 건설산업의 생산성을 향상시키고 경쟁력을 높이기 위해 경쟁적으로 기술개발에 투자하고 있다. 영국은 2025년까지 비용 33% 절감, 조달기간 50% 단축, 온실가스 50% 감축 등을 목표로 내세운 Construction 2025 연구보고서를 발간하였다. 일본도 정보통신기술을 건설에 적극적으로 활용하는 i-Construction

정책을 펴고 있으며, 싱가포르는 2010년부터 10년간 매년 생산성을 2~3% 증진하는 것을 목표로 하는 2차 건설 생산성 로드맵을 수립하여 실행한 바 있다. WEF는 4차 산업혁명 기술들이 건설산업에 점차 도입되어 인프라와 건축물 등의 설계나 건설 그리고 운영 및 유지되는 방식을 변경할 것이며, 10년 이내에 본격적인 디지털화로 인해 연간 1조~1조 7,000만 달러(약 821억 1,000만 원)를 절약할 수 있을 것으로 전망하였다[21].

향후 건설산업을 이끌어 갈 주요 기술로는 생산 관련 기술과 정보통신기술들이 주를 이룰 것으로 예상된다. 생산 관련 기술로는 건축시설물이 설치될 부지 이외의 장소에서 부재, 부품, 선조립 부분, 유닛 등을 생산 후 현장에 운반하여 설치 및 시공하는 OSC 생산방식을 수행하기 위한 프리패브 공법과 3D 프린팅 기술이 더욱 광범위하게 적용될 전망이다. 아울러 생산 과정에서 로봇과 새로운 건설재료들이 사용되어 효율성이 획기적으로 증진될 것이다.

이러한 일련의 건설 프로세스를 효율적으로 관리하기 위한 협력적Real-Time Mobile Collaboration이며 지능적인Advanced Project Planning Tools시스템이 도입될 것이다. 이와 함께 BIM, IoT, 레이저 스캐닝, 가상·증강현실, 블록체인 등 정보통신기술 활용이 증가할 것으로 전망된다. 또한 최근 다양한 산업에서 혁신적인 변화를 주도하고 있는 빅데이터와 인공지능 기술이 건설산업 전반

---

21 World Economic Forum (2018), The Fourth Industrial Revolution is about to hit the construction industry. Here's how it can thrive

에 걸쳐 폭넓게 활용되어 산업의 생태계와 공급사슬에 근본적인 변화를 주도할 것으로 전망된다.

World Economic Forum[22]	Ernst & Young[23]
· Advanced Project Planning Tools · Real-Time Mobile Collaboration · Prefabricated Building Components · Advanced Building Materials · 3D Printing · Big Data Analysis · Integrated BIM · Wireless Monitoring · 3D Laser Scanning · Augmented Reality	· Prefabrication · Modular Construction · Smart Buildings · 3D Printing · Robotics · Robotic Process Automation · Artificial Intelligence · Blockchain · IoT · BIM · Digital Twin · AR and VR · Geo-Enabled

건설산업의 향후 주요 기술

---

[22] World Economic Forum(2016), Shaping the Future of Construction: A Breakthrough in Mindset and Technology

[23] Accenture(2021) Seven Trends Transforming the Construction Marketplace

편3. 건설산업 혁신의 키워드, 인공지능과 빅데이터

2.1 인공지능과 빅데이터의 개념
2.2 인공지능과 빅데이터의 발전
2.3 인공지능·빅데이터의 역할 ①
    비정형 데이터로부터 정보를 만들어내기
2.4 인공지능·빅데이터의 역할 ②
    데이터와 정보를 분석하기
2.5 인공지능·빅데이터의 역할 ③
    상황을 파악하기
2.6 인공지능·빅데이터의 역할 ④
    판단하고 추천하기
2.7 인공지능·빅데이터의 역할 ⑤
    최적 대안 만들기

인공지능과 빅데이터 기술

2.1
인공지능과 빅데이터의 개념

인공지능과 빅데이터라는 용어는 이제 모르는 사람이 없을 만큼 널리 퍼져 있지만, 그런 만큼 다양하게 해석되고 사용되고 있는 용어이기도 하다. 인공지능과 빅데이터의 개념을 이해하려면 인간지능과 인공지능의 차이, 인공지능과 빅데이터의 관계 그리고 센서, 로봇이나 통계 등 다른 기술과의 관계를 이해하는 과정이 꼭 필요하다.

인간지능과 인공지능

'인공지능'이라는 용어는 지능을 신이 아닌, 그리고 자연적으로 발생한 것이 아닌, 인간이 만들었다는 뜻으로 해석할 수 있다. 신이 만들었다고 생각하건 자연적으로 발생하였다고 생각하건 사람이나 동물의 '지능'은 인간이 창조한 것이 아님은 분명하다. '지능'은 단순히 계산하는 능력이 아니라 스스로 상황을 분석하고 판단하고 행동을 결정하는 능력을 의미한다[24]. 사람들은 주어진 정보를 가지고 상황을 분석하고 판단하며, 상황 판단 결과를 가지고 행동을 결정하는데, 인공지능은 사람이 인공으로 만든 지능이 이 행위의 전체나 일부를 대신할 수 있음을 의미한다.

'정보'는 목적의식에 따라 수집된 자료로 단순 사실과 신호를 모은 '데이터'를 해석하고 의도적으로 가공함으로써 만들어진다. 인간은 주어진 상황 분석과 판단을 위해 가공되고 축약된 정보를 필요로 하는데, 데이터의 양이 많아지고 가공하기 어려운 형태일

---

[24] 단순히 계산하는 능력만을 지능이라고 부른다면 컴퓨터가 발명되었을 때 이미 사람들은 그 기계를 인공지능 기계라고 불렀을 터이다.

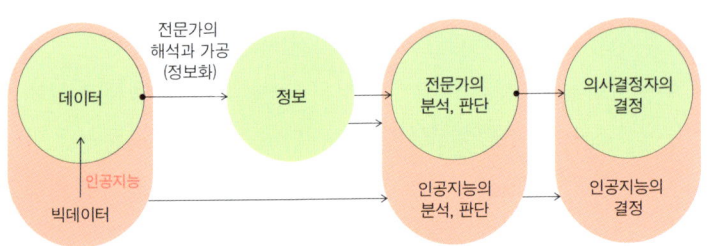

데이터를 처리하는 데 있어 인공지능과 빅데이터의 역할

수록 데이터로부터 정제된 형태의 유용한 정보를 만들어 내기가 어려워진다. 인터넷과 SNS나 센서 등을 통해 생산되는 데이터의 양이 계속 많아지고, 그림이나 동영상·텍스트와 같은 가공하기 어려운 형태의 데이터가 증가하면서 인간의 지능은 적시에 정보를 생산하고 이를 통해 분석·판단·결정하는 데 어려움을 겪게 된다.

이에 반해 인공지능[25]은 많은 양의 데이터, 혹은 모을 수 있는 모든 데이터(빅데이터)를 곧바로 상황의 분석과 판단에 활용할 수 있다. '빅데이터'는 많은Volume비정형의Variety데이터가 빠르게Velocity생성되는 것을 의미한다. 빅데이터는 비정형 데이터가 포함하고 있으므로 인공지능을 통해 통계처리가 가능한 형태의 데이터로 전환하고 정보를 만들어내는 데 활용되기도 하고, 이러한 정보화 과정 없이 모든 데이터가 바로 상황을 분석하고 판단하는 데 쓰이기도 한다.

---

25 특히 기계학습을 중심으로 한 연결주의 인공지능은 데이터를 학습하여 지능을 불린 후 어떤 상황에 대한 새로운 데이터가 주어졌을 때 이를 바탕으로 분석·판단을 내린다.

인공지능은 아직 분석·판단·결정 능력이 완벽하지 않다는 지적을 받고 있지만[26] 구조적으로 다음 두 가지 면에서 인간의 지능에 비해 큰 장점이 있다.

첫째, 사람은 객관적이기 어려워 데이터로부터 편향된 방향으로 정보를 만들어내고 분석·판단할 수 있다. 1999년 Simons와 Chabris가 수행한 선택적 주의력 테스트[27]는 '보이지 않는 고릴라'라는 이름으로 유명해졌다. 이 테스트는 피실험자들에게 75초 분량의 길거리 농구 영상을 보여주고 흰 셔츠를 입은 사람들 간에 몇 번의 패스를 하는지 세도록 하는 것이었다. 실험이 끝난 후 영상 중간에 등장하는 고릴라를 보았냐는 질문에 피실험자의 절반만이 고릴라를 보았다고 응답하였다. 사람은 하루에 시각·청각 등을 통해 평균 14GB 용량의 데이터를 받아들인다고 한다. 하지만 그중 관심을 두는 일부 데이터만 기억하고 학습하기 때문에 종종 사실과 다른 분석과 판단을 내리기 쉽다.

이에 반해 인공지능은 구조적으로 모든 데이터를 기억하고 저장하며 이를 바탕으로 분석과 판단을 내릴 수 있어 인간보다 정확하고 효과적인 분석과 판단이 가능하다. 인공지능의 한 분야인 딥러닝이 구글 데이터 센터 냉각전력의 40%를 절감한 사례[28]는 인간의 학습을 통한 최적화 결과보다 나은 결과를 인공지능이 만들어낼 수 있다는 것을 보여준다.

둘째, 데이터의 양이 급격히 증가하고 있어서 인간이 적시에

---

26   물론 알파고와 같은 사례에서 보듯이 특정 목적만을 위해 만들어진 좁은 의미의 인공지능은 인간의 판단 이상의 성과를 거두는 경우들이 많이 생겨나고 있다.
27   www.theinvisiblegorilla.com/videos.html
28   www.itworld.co.kr/news/100423

필요한 정보를 만들어내기가 갈수록 어려워지고 있다. 스탠퍼드 대학의 토목공학과 건물인 Y2E2에는 1,400여 개의 센서가 설치되어 건물의 상태와 에너지 사용에 대한 데이터를 쏟아내고 있다[29]. 유튜브에서는 분당 400시간 분량의 영상 데이터가 생성되고 있다고 한다[30]. 벌써 10년도 전에 발표된 조사에서조차 건설 분야 엔지니어들이 60% 정도의 근무시간을 정보 처리에 사용한다고 한다[31]. 이러한 경향은 오늘날 더 심해졌거나, 아니면 정보화되는 데이터의 비중이 줄었을 것으로 예상된다. 이에 반해 인공지능은 빅데이터를 인간의 정보화 과정 없이 바로 사용할 수 있다는 장점이 있어 앞으로 더욱 가속화될 정보의 대홍수 시대에 필수적인 기술이 될 것으로 전망된다.

인공지능과 빅데이터

인공지능과 빅데이터의 관계는 사다리의 두 다리, 바다(빅데이터)에서의 큰 고기(인공지능) 등으로 비유되는 상호호혜적인 관계로 이해를 하는 것이 보통이다. 인공지능을 학습시켜 올바른 상황 분석과 판단, 결정을 내리게 하기 위해서는 많은 양의 학습 데이터가 필요하고, 역으로 상황에 대한 많은 양의 데이터가 존재하더라도 이를 사람의 힘으로 정보화하기에 현실적으로 불가능하므로 인공지능의 힘을 빌려야 이러한 데이터를 충분히 활용할 수 있기 때문이다. 여기에 더해서 디지털 트윈 Digital Twin[32], 센

---

29 sustainable.stanford.edu
30 www.yna.co.kr/view/AKR20170714114500017
31 www.itcon.org/paper/2009/38
32 현실세계의 기계나 장비, 사물 등을 컴퓨터 속 가상세계에 구현한 것

인공지능/빅데이터와 다른 용어들과의 관계

서 등의 개념과 결합하면 실제 어떻게 인공지능과 빅데이터가 활용되는지가 더 명확해진다.

현재 상황을 정확하게 파악하기 위해서는 데이터가 필요한데 다양한 종류의 센서들이 그러한 역할을 하고 있으며, 이는 인간의 눈과 귀, 코 등 오감에 비유할 수 있을 것이다. 종종 이러한 데이터들은 디지털 트윈이라 부르는 현실을 모사한 모델에 표현되고 저장되어 관리된다. 인공지능은 모델에 시시각각 축적되는 빅데이터를 바탕으로 상황을 분석하고 판단하여 의사결정자의 결정을 돕거나 때로 직접 의사결정을 내리기도 한다. 따라서 인공지능을 인간의 머리에 비유할 수 있을 것이다. 의사결정이 내려지면 실제로 그 역할을 누군가가 해야 하는데, 인간의 도움 없이 스스로 행동을 할 수 있는 장치가 어딘가에 되어 있다면 이를 액추에이터Actuator라고 부르며, 인간의 팔과 다리 등에 비유할 수 있을 것이다.

예를 들어 어떤 건축물에서 에너지 사용과 인간의 재실 여부, 온도와 습도의 파악 등을 센서가 담당할 수 있다. 또한 재실

자가 없는데 계속 어떤 방에 에어컨이 작동되고 있고 이후에 이 방을 사용할 확률이 낮다고 판단되면 에어컨의 작동 중지를 결정할 수 있다. 이 건축물에 적절한 컨트롤 장치가 있다면 해당 실의 에어컨은 자동으로 작동이 중지됨으로써 불필요한 에너지 낭비를 막을 수 있을 것이다. 이러한 모든 활동을 인간이 할 수 있고 또 지금까지 인간이 해왔지만, 앞으로는 인공지능과 빅데이터의 도움을 받는 경우가 많아질 것으로 전망된다.

인공지능과 빅데이터의 역할은 아래와 같이 크게 다섯 가지로 나누어 생각할 수 있는데, 뒤에서 자세히 살펴보기로 한다.

① 비정형 데이터로부터 정보를 만들어내기
② 획득한 데이터와 정보를 분석하기
③ 상황을 파악하기
④ 판단하고 추천하기
⑤ 최적의 대안을 만들어내기

인공지능·빅데이터와 다른 기술 간의 관계

인공지능이라 하면 흔히 로봇을 떠올리는 경우가 많다. 여러 영화에서 인공지능을 탑재한 로봇들을 많이 그려와서 이렇게 느끼기 쉽지만, 로봇의 사전적 정의는 컴퓨터로 프로그램되어 어떤 일을 행할 수 있는 기계를 의미한다. 여기에는 매우 제한적으로 상황을 센싱하는 로봇도 있을 수 있고, 인공지능이 아니라 단순한 규칙에 의해 상황을 판단하고 행동을 결정하는 로봇도 있으며, 움직이지 못하는 로봇도 있을 수 있으므로 그 범위가 넓다. 하지만 향후에는 로봇들의 센싱 능력과 상황 판단 능력, 행동 능력이 꾸준히 발전할 것으로 전망된다.

통계와 인공지능의 차이와 활용에 대해서도 궁금해하는 사람들이 많다. 통계는 수학의 한 분야로, 사람들이 숫자로 표현된 다량의 데이터를 관찰하고 정리, 분석하는 방법을 제공한다. 빅데이터 개념이 생겨나고 데이터양이 많아지면서 데이터에서 정보를 추출하는 여러 데이터마이닝 방법들이 지속적으로 개발되고 있고 인공지능 기법들의 기반이 되고 있다. 하지만, 통계 자체는 분석과 판단을 인간이 하도록 한다는 점에서 컴퓨터 에이전트Agent가 학습이나 주입을 통해 독자적인 지능을 형성하고 스스로 분석과 판단, 때로는 의사결정까지 하는 인공지능과 차이가 있다. 통계는 보다 빠르게 분석, 판단 결과를 생성할 수 있으므로 정보가 충분하다면 통계가 인공지능 기법들보다 빠르고 효율적으로 결과를 얻을 수 있다.

하지만 데이터의 양이 많고 빠르게 업데이트가 되거나, 데이터가 비정형 형태로 존재해서 가공하기 어려운 것처럼 빅데이터 양상을 보일 때는 인공지능을 활용하는 것이 보다 효율적이다. 또한 분석하고자 하는 패턴이 선형적이나 정규분포를 보일 것으로 가정이 되면 통계로 충분한 결과를 얻을 수도 있지만, 그렇지 않다고 판단이 들면 다양한 인공지능 기법을 활용해 데이터를 분석해 보는 것이 유리할 수 있다.

2.2 인공지능과 빅데이터의 발전

2016년 세간의 주목을 이끈 알파고와 이세돌 간의 바둑 대국은 인공지능에 대한 막연한 관심을 가지고 있던 대중에게 인공지능의 시대가 멀지 않았음을 깨닫게 해주었다. 한편 대부분의 사람이 인간의 승리를 예상한 이 대결에서 인공지능이 승리함으로써 영화에서처럼 다양한 분야에서 인공지능이 인간을 대체할 날이 머지않았음을 예고하기도 하였다. 알파고의 성과는 단순히 잘 만들어진 인공지능 프로그램이 인간과의 대결에서 승리하였다는 점 외에 1957년 로젠블럿에 의해 마크I 퍼셉트론이 개발된 이후 서서히 발전해 왔던 인공신경망 기반 인공지능 기술이 괄목할 만한 발전을 이루었다는 점에서 의미가 크다. 알파고 이전에도 IBM에 의해 개발된 체스 특화 인공지능 슈퍼컴퓨터인 딥블루가 1997년 당시 세계 체스 챔피언을 물리치고 승리를 거두어 화제가 되었다. 하지만 딥 블루는 체스에서 가능한 수백만 개의 데이터를 슈퍼컴퓨터에 의해 사전에 탐색하는 규칙 기반 인공지능 기술에 의한 것이기에 문제가 복잡해질수록 효율성과 정확도에서 한계를 나타내게 된다.

머신러닝의 발전

1956년 미국 다트머스 대학의 워크숍에서 컴퓨터를 통한 지능의 구현이라는 인공지능의 개념이 탄생한 이후, 인공지능 기술이 본격적인 의미의 지능으로서 발전할 가능성을 열어준 것은 머신러닝 기법의 개발이다. 머신러닝은 인간이 사전에 규칙을 결정하고 데이터를 입력하여 구현하는 규칙 기반 인공지능 기술과 달리 주어진 데이터에 활용하여 스스로 규칙을 만들어내는 학습을 수행하는 것을 의미한다. 머신러닝 기법은 크게 통계적 기법과 인공신경망 기반 기법으로 분류할 수 있다. 통계를 이용해 주어진 데이터를 분류 및 예측하는 통계적 기법은 1990년대 이후에 발전되었다. 인공 뉴런이 데이터를 활용한 학습을 통해 시냅스의 결합 세기를 변화시켜 문제 해결 능력을 가지게 되는 인공신경망 기반 기법은 1986년 다층퍼셉트론이 개발된 이후 머신러닝 기법의 기틀이 되었다.

인공지능은 2006년 토론토 대학의 힌튼 교수 등의 딥러닝 기반의 학습 알고리즘 개발과 함께 새로운 전기를 맞게 된다. 딥러닝은 미리 제공된 데이터를 컴퓨터가 학습하는 것은 머신러닝과 유사하나 학습의 방향도 컴퓨터가 스스로 결정할 수 있다는 점

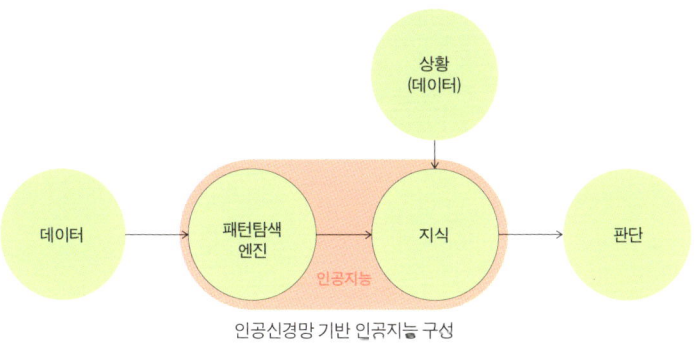

인공신경망 기반 인공지능 구성

에서 차이가 있다. 대표적인 딥러닝 기반의 학습 알고리즘으로는 합성곱 신경망Convolutional Neural Networks, 순환 신경망Recurrent Neural Networks, 생산적 적대 신경망Generative Adversarial Networks 등이 있으며, 목적에 따라 다양한 알고리즘이 개발되고 있다. 딥러닝은 비정형의 대규모 데이터 분석에 적합하고, 특성 추출과 레이블링 등의 데이터 처리가 용이하며, 정확성이 높아 최근 영상인식·음성인식·텍스트인식 등의 다양한 분야에서 각광받고 있다.

2021년에 적용될 딥러닝 기술 20[33]

① 자율주행 자동차
② 뉴스 생성 및 가짜 뉴스 판독
③ 자연어 처리
④ 가상 비서(개인화 서비스, 업무조정, 텍스트 생성 및 문서 요약)
⑤ 엔터테인먼트(스포츠, 미디어, 콘텐츠 제작)
⑥ 시각적 정보 인식
⑦ 금융 사기 탐지
⑧ 의료(의료영상분석, 게놈분석, 신약 발굴)
⑨ 개인별 맞춤 서비스(제품추천, 마케팅, 로봇)
⑩ 아동 발달지연 감지(언어장애, 발달장애)
⑪ 흑백 이미지 컬러화
⑫ 무성영화 더빙
⑬ 자동 번역
⑭ 자동 필기 생성
⑮ 자동 게임 플레이
⑯ 자동 이미지-텍스트 전환
⑰ 저해상도 이미지 확대(Pixel Restoration)
⑱ 이미지 묘사(Photo Descriptions)
⑲ 인구통계학적/선거 예측
⑳ 딥드리밍(Deep Dreaming)[34]

---

[33] https://www.mygreatlearning.com/blog/deep-learning-applications/
[34] 딥러닝을 활용해서 이미지의 특정 특성을 향상시키는 방법

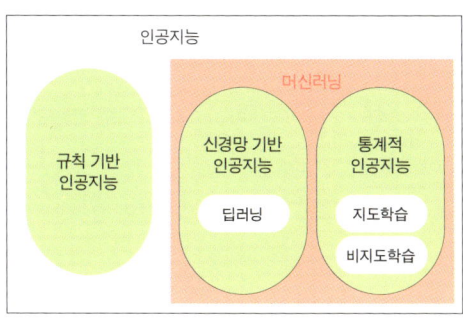

인공지능 기술의 종류

규칙 기반 인공지능

머신러닝 기법이 만들어지기 이전에는 주로 If-Then 형태의 조건 분기를 사용하는 규칙 기반 인공지능 기술이 개발되어 사용되었다. 규칙 기반 인공지능에서는 인간이 사전에 지식기반과 추론 엔진을 설정하고 입력된 상황에 맞는 판단을 내리게 된다. 규칙 기반 인공지능 기술에는 대표적으로 전문가의 지식과 경험을 컴퓨터에 기억시킴으로써 다른 사람도 활용할 수 있도록 하는 전문가 시스템Expert System과 인간이 언어로 컴퓨터와 대화할 수 있도록 하는 자연어 처리Natural Language Processing, NLP가 있다. 1965년 규칙 기반 인공지능을 기반으로 아직 알려지지 않은 유기화합물에 질량분석법을 적용해 구조를 파악하는 최초의 전문가 시스템인 DENDRAL이 개발되었다. 이후 의료, 화학, 광업 등의 다양한 분야에서 전문가 시스템이 개발되어 활용되고 있다.

빅데이터의 등장

최근 인공지능은 인터넷, 모바일, SNS, 센싱 기술 등의 발달과 더불어 더욱 그 가치를 인정받고 있다. 4차 산업혁명과 초연결 사회의 핵심을 이루는 DNA(Data, Network, AI) 또는 ICBMA(IoT, Cloud, Big Data, Mobile, AI) 기술의 발전과 더불어 인공지능의 활용도가 급격히 높아지고 있다. 인공지능 기술의 발전을 주도하고 있는 머신러닝을 위해서는 빅데이터를 수집·저장·학습을 수행해야 하는데, 관련 기술의 발전과 컴퓨팅 성능의 향상으로 인해 이러한 과정이 더욱 용이해졌다.

인공지능은 역할에 따라 약한 인공지능과 강한 인공지능으로 나눌 수 있다. 약한 인공지능은 특정 목적 달성을 위해 인간의 능력 일부를 모방하거나 계산 모델을 통해 지능적 행동을 하는 시스템을 말하며, 현재 개발된 거의 모든 인공지능이 여기에 해당한다. 반면 강한 인공지능은 인간과 유사한 사고 및 의사결정을 하고, 인간의 지능을 필요로 하는 행동을 할 수 있는 시스템으로 아직은 소설이나 영화에서만 볼 수 있다. 빅데이터 기술의 발전과 인공지능과의 융합은 미래 인공지능 기술의 수준을 높일 수 있는 무한한 가능성을 가지고 있다.[35]

---

35   2020년 12월 딥마인드는 스스로 계획과 학습을 하는 능력을 갖춘 딥러닝 알고리즘인 뮤제로(MuZero)를 발표함. 뮤제로는 기존의 알파고 등과 달리 바둑 등의 게임 규칙이 주어지지 않고 학습하였으며 이전 알고리즘들 보다 나은 성과를 낸 것으로 알려짐.

인공지능과 빅데이터 기술

2.3

인공지능·빅데이터의 역할 ①

비정형 데이터로부터 정보를 만들어내기

인공지능·빅데이터는 수집된 비정형 데이터로부터 의미 있는 정보를 만들어내는 데 활용될 수 있다. 본디 비정형 데이터는 사람들이 통계 기법 등을 통해 분석하고 판단하는 데 활용하기가 어려워 최근까지도 버리는 데이터로 생각을 하거나, 꼭 필요하다고 판단이 들면 매우 큰 노력을 들여 코딩 작업을 통해 정보로 가공해 왔다. 하지만 오늘날 센서와 웹사이트, SNS 등을 통해 생성되는 많은 데이터는 비정형의 모습을 띠기 때문에 이러한 데이터의 활용은 점점 더 중요해지고 있다. 인공지능·빅데이터는 인간의 지능을 대신해서 이러한 데이터를 정보로 바꿔주는 중요한 역할을 할 수 있다. 보통 빅데이터의 80%는 SNS와 같은 인터넷에서 수집되고, 20% 정도는 센서로부터 수집된다고 한다.

엄밀히 말한다면 여기에서 얘기하는 인공지능·빅데이터의 역할은 디지털 형태로 저장되어 있는 비정형 데이터를 사람이 해석할 수 있는 정형화된 데이터로 변환시키는 역할을 의미한다.

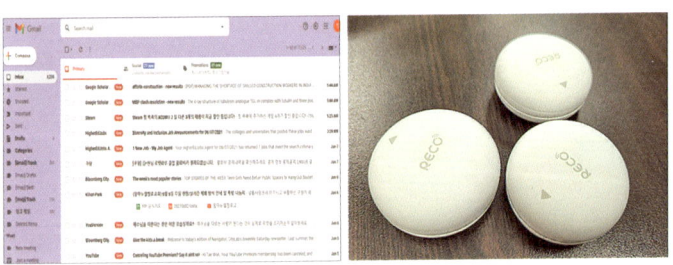

이메일을 통해 수집되는 데이터와 센서를 통해 수집되는 데이터

예를 들어 인공지능은 컴퓨터로 하여금 이미지 데이터 속의 사람이나 동물, 자동차 등의 객체를 단순히 픽셀의 형태가 아닌 객체로 인식하고 해당 데이터로 저장하도록 할 수 있다. 이를 활용해 사람이 정보화 도구를 활용하여 정보로 가공하거나, 컴퓨터가 스스로 분석과 판단에 활용할 수 있도록 해준다.

이미지와 영상 인식

이미지와 동영상 등의 시각 데이터를 컴퓨터가 이해할 수 있도록 하는 인공지능 연구 영역을 컴퓨터 비전Computer Vision이라고 한다. 디지털 형태로 저장된 이미지는 사실 작은 점들인 픽셀Pixel들의 집합들로 구성되어 있다. 컴퓨터 비전은 이 픽셀들의 색상이나 밝기 등을 특징값으로 삼아 딥러닝 기법을 활용함으로써 해당 영상이 어떤 객체를 담고 있는지 예측한다.

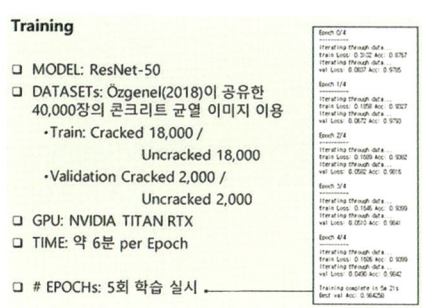
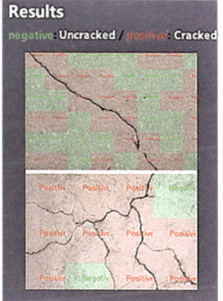

콘크리트 균열 이미지를 통한 균열 여부 검측 기술의 예

이미지나 영상 인식은 이미 일상생활에서 많이 사용되고 있다. 주차장에서 자동차의 번호판을 인식한다든가 핸드폰에서 카드번호나 손글씨 등을 인식하는 것, 자동차가 운전자의 주행을 보조해 주기 위해 다른 자동차들의 움직임을 인식하여 표현해 주는 것, 축구 경기에서 선수들과 공의 움직임을 인식하는 것 등이 그 예이다. 건설산업에서도 활용 가치가 매우 높은 기술로 평가되며, 이미 건설현장에서 중장비의 움직임 파악, 안전모와 안전장비 미착용 여부 파악, 건물 크랙의 여부와 종류 파악 등 다양한 시도가 이루어지고 있다.

 물론 인공지능의 예측력을 높이기 위해서는 많은 학습 데이터를 필요로 한다. 즉 미리 많은 이미지나 영상을 컴퓨터에 제공하고 그것이 무엇인지 알려주면 딥러닝 알고리즘은 특징값들에 대한 이해를 바탕으로 각 객체가 어떤 특징이 있는지 학습하게 되는 것이다. 어떤 학습 데이터를 제공하느냐에 따라 인공지능의 성능은 크게 좌우된다. 특정 사례들에 치우친 학습 데이터들이 제공되면 시스템은 쉽게 오버피팅Overfitting[36]이 되고 특정 사례를 벗어난 이미지와 영상에 대한 인식 능력은 오히려 떨어질 수 있다.

음성인식

마이크와 같은 장치로 입력된 사람의 음성은 서로 다른 진폭과

---

[36] 학습이 지나치게 이루어져 학습 데이터의 인식에서는 높은 정확도를 나타내지만 실제 적용 시에는 오히려 정확도가 떨어지는 현상

단위 시간당 진동수를 가진 파형 데이터로 컴퓨터에 저장된다. 이렇게 저장된 데이터를 스피커와 같은 출력장치로 재생하면 사람은 쉽게 내용을 이해하고 정보화할 수 있지만, 음성 데이터의 양이 많아지면 이를 일일이 듣고 필요한 정보를 정리하는 것은 매우 힘들고 지루한 일이 될 것이다. 음성인식이란 인간의 음성 데이터를 컴퓨터가 스스로 인식할 수 있도록 하는 영역이며 인공지능 개념이 생겨난 이래 꽤 오랫동안 연구된 영역이기도 하다. 음성인식 분야 역시 최근에는 딥러닝 기법을 많이 활용하는데, 시간 순서에 따른 정보 패턴이 중요하기 때문에 특히 순환신경망 RNN[37]이 널리 활용되고 있다.

음성인식 또한 이미 여러 드라마와 영화에서 많이 등장할 만큼 매우 보편화된 기술로, 애플 아이폰의 '시리'나 삼성 갤럭시폰의 '빅스비'와 아마존의 '알렉사' 등 많은 전자장비에 탑재되어 있다. 최근에는 인공지능 스피커와 가전제품·자동차 등에도 많이 도입되어 인간의 음성을 인식하고 특정 기능을 수행하도록 하고 있는데, 그 성능이 계속 향상되어 어지간한 노이즈나 불명확한 발음과 사투리 억양까지 원만하게 처리할 정도이다.

자연어 인식

인터넷이나 SNS상에 존재하는 텍스트 데이터 또한 오늘날 중요한 데이터원으로 취급되고 있다. 이러한 텍스트를 인간의 개입

---

[37] 순차적 정보가 담긴 데이터에서 규칙적인 패턴을 인식하고 정보를 추출하는 모델로 음성인식, 주가 예측 등에 활용될 수 있는 딥러닝 심층신경망의 한 종류이다

없이 컴퓨터가 스스로 이해하여 정보로 활용하기 위한 기술을 자연어 인식[38]이라고 한다. 인터넷이나 문서상에 존재하는 텍스트 데이터를 웹크롤링Webcrawling[39] 또는 파싱Parsing[40]을 통해 가져오면 인공지능은 자연어 인식을 통해 의미를 파악한다. 엄밀히 말하면 애플의 시리나 삼성의 빅스비 같은 개인비서 시스템 또한 음성인식을 통해 인식된 음성의 의미를 자연어 인식을 통해 파악해야 다양한 서비스를 제공할 수 있다[41].

자연어를 인식하게 되면 어떤 단어나 구분이 텍스트상에서 많이 쓰였는지 분석하여 최신 유행과 트렌드를 알 수 있고, 특정 제품이나 사건에 대한 여론을 파악할 수 있다. 또한 컴퓨터가 스스로 교과서 텍스트나 매뉴얼을 이해하고 이를 바탕으로 특정 지식을 확장하거나 특정 작업을 수행하도록 하는 데 활용할 수도 있을 것이다.

---

38   Natural Language Processing(NLP)이라고 하며 흔히 '자연어 처리'라고 불린다.
39   웹사이트, 하이퍼링크, 데이터, 정보 자원을 자동화된 방법으로 수집, 분류, 저장하는 것
40   각 문장의 문법적인 구성 또는 구문을 컴퓨터가 분석하는 과정
41   물론 여기에는 적절한 문장을 컴퓨터가 만들어내는 자연어 생성 및 이를 사람이 말하는 것처럼 음성으로 변환하는 음성 합성 기술 또한 포함되어 있다.

인공지능과 빅데이터 기술

2.4

인공지능·빅데이터의 역할 ②

데이터와 정보를 분석하기

이미지 세그멘테이션 예시[42]

인공지능·빅데이터는 수집된 데이터를 원하는 목적에 맞게 가공 및 분석할 수 있다. 우선 인터넷 자료, 이메일, CCTV, 소셜 미디어 등에서 실시간으로 수집되는 정형 및 비정형의 빅데이터를 분석하기 위해서는 분석 목적과 기법의 특성에 맞게 데이터를 사전에 가공하는 전처리 작업이 필수적이다. 예를 들어 이메일·신문 등의 자료를 다루는 텍스트마이닝의 경우 자연어 처리 방식을 이용하여 의미 있는 정보를 추출하게 되는데, 이를 위해서는 사전에 입력 텍스트를 의미를 가지는 최소 단위인 형태소로 파싱

---

42 "Untitled." By B.Palac (Own work) [CC BY-SA 4.0 <https://creativecommons.org/licenses/by-sa/4.0>, via Wikimedia Commons] Available at https://commons.wikimedia.org/wiki/File:Image_segmentation.png

Parsing하고 불필요한 부분을 제거한 후 언어적 특징은 추가시키면서 정형화된 구조를 형성해야 한다. 또한 인터넷과 소셜 미디어상의 이미지 자료를 분석하기 위해서는 이미지 크기 조정, 노이즈 제거, 세그멘테이션Segmentation등의 전처리 과정이 선행되어야 한다.

데이터마이닝

가공된 데이터를 다양한 관점에서 분석하고 그 결과를 유용한 정보로 조합하기 위해서 데이터마이닝 기법을 활용할 수 있다. 데이터마이닝은 빅데이터로부터 자동 또는 반자동적인 방법을 통하여 의미 있는 패턴, 규칙, 관계를 찾아내는 기법이다. 점차 데이터의 규모가 커지고 복잡해짐에 따라 기존의 데이터베이스를 활용하여 데이터를 관리하고 데이터에 내재된 유용한 지식을 추출하는 것이 불가능하게 되면서 데이터마이닝의 활용도가 높아지고 있다. 통계분석을 포함한 기존의 데이터 분석은 데이터를 분석하여 이에 대한 모델과 가설을 검증하는 것이 주목적인 데 반해 데이터마이닝은 빅데이터에서 기존의 분석방법으로는 찾기 어렵거나 숨겨진 패턴을 발견하는 데 목적을 둔다.

데이터마이닝은 통계적 분석, 머신러닝, 데이터베이스 분야의 기술을 조합하여 방대한 데이터 속에 숨어 있던 패턴을 추출하고 발견하는 것을 가능하게 한다. 데이터마이닝 기법은 많은 부분을 머신러닝 알고리즘과 공유하며 점차 그 범위를 확장하고 있다. 데이터마이닝 기법에는 크게 분류Classification, 회귀분석Regression, 군집분석Clustering, 연관분석Association의 네 가지 유형이 있으며 그 특성 및 대표적인 알고리즘은 다음과 같다.

> 분류: 각 데이터가 속할 집합을 예측(K-최근접 이웃, 의사결정나무, 서포트 벡터 머신)
> 회귀분석: 각 데이터의 특정 변수를 추정(다중회귀)
> 군집분석: 모든 데이터를 몇 개의 집합으로 나눔(K-평균)
> 연관분석: 데이터 간의 연관성을 발견(Apriori)

데이터마이닝은 빅데이터를 효과적으로 분석하여 새로운 관점의 결과를 제공할 수 있는 장점으로 인해 다양한 산업에서 광범위하게 사용되고 있다. 분류 기법은 하나의 새로운 데이터(예: 일반 소비자, 검진 중인 환자, 운행 중인 자동차 등)에 대해 향후 어떤 집합(예: 고객·비고객, 양성·음성, 사고 여부)에 속하게 될지를 예측할 수 있으므로, 기존에 충분한 데이터를 보유하고 있는 경우 새로운 데이터에 대한 선제적인 판단과 대응이 가능하다. 예를 들어 현장에서의 장비사용에 대한 데이터를 모니터링하고 패턴을 분석하여 장비의 상태를 판단하고 발생 가능성이 있는 유지관리 항목 및 잠재적인 고장에 선제적으로 대응하여 작업의 효율성을 높이고 작업이 중단되는 것을 막을 수 있다. 회귀 분석 기법은 분석 방법의 특성상 여러 변수와의 관계에서 특정값을 예측하는 데에 사용된다. 예를 들어 다양한 자재의 가격에 영향을 미치는 변수들로 모델을 구축하고 특정 자재의 향후 가격을 예측하여 자재의 급격한 가격변동으로 인한 사업손실을 예방할 수 있다.

비지도형 머신러닝

통계적 인공지능 기법 중 비지도 학습Unsupervised Learning은 출력값을 알려주지 않고 주어진 입력값만으로 스스로 모델을 구축하여 학습하는 방법을 말한다. 비지도 학습은 데이터 중 입력값만 있고 출력값이 없는 경우에 활용할 수 있으며, 입력값 간의 연관성 등을 스스로 찾아내는 것이 학습의 주요 목표이다. 비지도 학습은 통계적 인공지능에 속하므로 데이터마이닝과 유사한 기법을 많이 사용하게 되는데, 데이터마이닝은 데이터의 패턴, 규칙, 관계를 찾아내는 것이 목적인 데 반해 비지도 학습은 컴퓨터를 통해 학습하고 이를 바탕으로 예측하는 것을 목적으로 하는 것에 차이가 있다.

    비지도 학습 방법 중 군집분석은 데이터를 서로 유사한 특성을 가지는 여러 개의 집합으로 묶는 방법이다. 데이터들 간의 유사성에 근거하여 학습이 이루어지며, 같은 집합에 속한 데이터들은 상대적으로 다른 집합에 속한 데이터에 비해 유사성이 높다고 판단된다. 다만 군집분석의 결과로 만들어지는 집합 구분은 비지도 학습의 특성상 해석이 어려운 경우가 있고, 활용을 위해서는 추가적인 전문지식과 창의력이 필요하다. 군집분석은 적용 분야의 특성상 출력값이 존재하기 어려운 상황에서 유용하다. 예를 들어 일상적인 상황이 아닌 이상징후(데이터상의 특이값, 예외값, 노이즈 등)를 감지하는 이상상황감지Anomaly Detection 분야에서는 이상상황에 대한 출력값이 없는 경우가 많다. 이러한 경우 일상적인 데이터와 이상상황 데이터를 군집분석을 통해 검출해 낼 수 있다.

데이터 시각화

데이터 분석은 수리적 방법뿐 아니라 시각화를 통해 직관적인 방법으로 수행할 수 있다. 데이터 시각화는 데이터 자체와 분석 결과를 사용자가 쉽게 이해할 수 있도록 시각적 수단을 통해 제시하는 것으로, 도표·그래프·이미지 등을 이용하여 표현한다. 데이터 시각화는 표현하고자 하는 데이터의 특성과 분석 목적에 따라 시간시각화·분포시각화·관계시각화·비교시각화·인포그래픽 등을 활용할 수 있다. 대표적인 시각화 분석 도구로는 Tableau, Qlikview, FusionCharts, Highcharts, Datawrapper, Plotly, Sisense 등이 있다.

인공지능과 빅데이터 기술

2.5
인공지능·빅데이터의 역할 ③
상황을 파악하기

인공지능·빅데이터는 인간지능을 대신해서 거의 실시간으로 상황을 파악하는 역할을 할 수 있다. 상황을 파악한다는 의미는 크게 상황을 분류하거나 어떤 값을 예측하는 것으로 구분된다. 예를 들어 센서로 측정된 데이터를 바탕으로 건물이 붕괴될지 그렇지 않을지 분류를 할 수도 있고, 지난 실적 데이터와 시장의 흐름과 SNS 데이터를 바탕으로 특정 기업의 주가를 예측할 수도 있다. 상황을 파악하는 데는 지도형 머신러닝과 딥러닝이 주로 활용되고 있다.

분류와 예측에 필요한 데이터가 비정형 데이터라면 음성이나 영상 인식, 혹은 자연어 인식 기능과 함께 작동할 수도 있다. 예를 들어 도로 상황을 찍은 영상이 있다면, 컴퓨터는 영상 인식을 통해 도로에서 사람이나 자동차의 움직임을 파악하고 이 데이터를 바탕으로 도로에서의 사고 유무를 스스로 판단할 수 있다. 이러한 과정 전체를 인간의 개입(혹은 인간지능의 개입) 없이 할 수 있게 되는 것이다.

영상을 기반으로 상황을 파악하고 판단하여 조치를 취하는 인공지능

지도형 머신러닝

머신러닝의 학습 방법을 기준으로 지도학습Supervised Learning이라고 불리는 머신러닝 방법은 입력값과 이에 대응하는 출력값 간의 관계를 학습하여, 새로운 입력값이 주어졌을 때 출력값을 판단한다. 이때 출력값이 특정 상태를 나타내는 이산값이면 분류를, 그리고 출력값이 숫자로 표현된 연속적인 값이면 예측을 하는 것이다. 인공지능이 수행하고 있는 분류의 예에는 스팸 메일과 정상적인 메일을 구분해서 스팸 메일을 스팸함에 넣는 일, 신용카드의 부정적인 사용 감지, 의료 사진을 통해 암 유무를 판단하는 일 등이 있다. 또한 인공지능이 수행하고 있는 예측의 예에는 비가 올 확률에 대한 예측, 주가나 주택 가격의 시계열적 예측, 특정 제품의 판매량 예측 등이 있다.

지도학습의 역할 중 하나인 분류와 비지도학습의 역할 중 하나인 군집분석은 학습에 사용하는 데이터에 출력값이 포함되어 있는지, 학습을 통해 얻고 싶은 결과가 무엇인지에 따라 구분할 수 있다. 예를 들어 분류는 학교시설에서 수집되는 센서 데이터를 통해 각 실에서 어떤 활동이 이루어지고 있는지(수업, 자습, 세미나 등) 판단하기 위한 모델을 만들 때 사용하고, 군집분석은 학교시설에서 수집되는 센서 데이터를 몇 개의 활동 그룹으로 묶고 그 그룹을 구분하고 명명하기 위해(단체로 소리내며 움직이는 활동, 단체 활동이지만 교대로 움직이는 활동, 단체 활동으로 정적인 활동 등) 사용한다.

	분류	군집분석
구분	지도학습	비지도학습
학습 목적	기존 데이터를 학습하여 새로운 데이터의 상황을 판단	데이터를 특성에 따라 n개로 그룹핑해 적절히 명명
학습 데이터	입력값과 출력값(상태)	입력값
학습 결과	새로운 입력값에 따른 출력값 (상태)을 예측할 수 있는 모델	입력값들을 n개로 나눈 클러스터들

분류와 클러스터링의 차이

지도형 머신러닝에서는 컴퓨터가 입력값과 출력값 간의 관계를 학습할 수 있도록 인간이 훈련 데이터(입력값)와 피드백을 위한 레이블(출력값)을 제공해야 하는데, 필요한 훈련 데이터의 양이 많고 레이블을 일일이 제공해야 하는 번거로움이 따른다. 하지만 한번 학습을 통해 지능이 생성되면 인간지능의 개입 없이 상황을 컴퓨터가 스스로 판단할 수 있게 되므로 빠르게 상황을 통제할 수 있다는 장점이 있다. 예를 들어 운전 중에 자동차에 탑재된 인공지능이 스스로 위험한 상황인지 아닌지를 판단하게 되면 이에 따라 긴급제동을 걸거나 핸들을 조작해서 사고를 방지할 수 있을 것이다.

상황을 파악하는 역할을 수행하는 인공지능은 얼마나 상황을 정확히 파악하였느냐를 기준으로 성능을 평가할 수 있다. 어떤 연속적인 값을 예측하는 인공지능의 경우에는 보통 평균제곱근 오차값Root Mean Square Error, RMSE을 활용하여 성능을 측정한다. 또한 분류를 목적으로 하는 인공지능이라면 주로 정밀도Precision와 재현율Recall이라는 지표를 활용하여 성능을 측정한다. 정밀도는 인공지능이 A라고 상황을 판단하였을 때 실제 상황이 A인 경우가 몇 퍼센트인지 설명하는 숫자이다. 반면 재현율은 실제 상황이 A일 때 인공지능이 A라고 예측하는 경우가 몇 퍼센트인지 설명하는 숫자이다[43]. 예를 들어 공사 중 건축물이 붕괴될 것이라고 인공지능이 예측하였는데 실제로 붕괴된 경우가 60%라면 이 인공지능의 정밀도는 60%가 된다. 공사 중에 붕괴 사고가 일어난 케이스 중 90%에 대해 인공지능이 붕괴 사고를 예측하였다면 이 인공지능의 재현율은 90%가 된다.

인공지능의 정밀도를 지나치게 강조하다 보면 재현율이 떨어질 수 있고, 또 반대의 경우도 발생할 수 있다. 따라서 인공지능의 상황 파악 목적에 따라 적절한 기준으로 성능을 평가하는 것이 중요하다. 앞서 언급한 건축물 붕괴 사고 판단의 예에서는 인공지능이 간혹 오류를 범하더라도 실제 붕괴 사고가 일어나는 케이스 모두를 놓치지 않는 게 중요할 것이다. 이러한 판단을 하는 인공지능은 재현율을 상대적으로 중요한 평가 요소로 살펴보는 것이 바람직하다. 인공지능이 붕괴 사고가 일어날 것으로 판단하였지만 그렇지 않은 경우(즉 정밀도가 낮은 경우)에는 부가

---

43 정밀도와 재현율을 종합적으로 고려한 평가지표로 F1-Score가 있으며 이는 정밀도와 재현율의 조화평균 값으로 계산된다.

적인 안전 점검 등의 업무가 늘어나겠지만, 불의의 사고로 잃을 수 있는 생명의 가치를 생각한다면 큰 피해는 아니기 때문이다.

딥러닝

데이터가 제시하는 상황을 파악하는 데 지도형 머신러닝 외에 최근에는 딥러닝도 활발히 쓰이기 시작하였다. 딥러닝은 머신러닝의 한 분야로 여러 개의 은닉층을 가진 심층신경망Deep Neural Network, DNN을 기반으로 하는 학습 방법을 일컫는다. 심층신경망은 은닉층의 개수가 많아 실행시간이 오래 걸리고 높은 컴퓨팅 파워를 요구하지만 최근 알고리즘 성능 개선과 함께 병렬 컴퓨팅과 인공지능 프로세서의 발전 등 컴퓨팅 속도가 비약적으로 발전됨에 따라 장점이 더욱 부각되고 있다. 머신러닝과 비교하였을 때 딥러닝은 인간이 컴퓨터에게 학습에 중요한 데이터값(특성값)을 지정해 주지 않아도 스스로 규칙과 패턴을 데이터로부터 학습하여 높은 성능의 판단을 해준다는 장점이 있다. 하지만 오히려 이 점이 단점으로 지적되기도 한다. 즉 딥러닝을 통해 판단되는 결과는 블랙박스 이론을 따르므로 때로는 어떤 이유로 컴퓨터가 특정 판단을 하였는지 설명할 수 없는 경우들이 있다. 또한 머신러닝에 비해 많은 양의 데이터를 요구하므로, 강력한 컴퓨터 외에도 훨씬 큰 규모의 데이터 취득이라는 조건을 만족한 이후에라야 인공지능에서 좋은 판단력을 기대할 수 있을 것이다.

인공지능과 빅데이터 기술

2.6
인공지능·빅데이터의 역할 ④
판단하고 추천하기

인공지능은 주어진 상황에 대한 판단을 내리거나 적절한 대안을 찾아 제시할 수 있다. 인공지능은 기존에 구축된 모델을 활용하거나 저장된 데이터를 탐색하여 가장 적절한 대안을 제시한다. 과거에는 낮은 컴퓨터 성능과 한정된 데이터로 인해 인공지능에 의한 판단과 추천의 활용도가 제한적이었으나, 고성능 컴퓨터의 대중화와 빅데이터의 등장으로 인해 다양한 영역에서 활용되고 있다. 이러한 영역에서의 인공지능에 의한 판단과 추천은 수학문제의 정답을 찾는 과정과는 달리 완벽한 해결책은 아닌 경우가 많다. 운전 중 내비게이션이 제시하는 경로 탐색 결과처럼 최적 대안인 경우가 많으며, 실제에 적용하기 위해서는 인간의 최종결정과 시스템과의 상호작용이 필요하다.

전문가 시스템

전문가 시스템Expert System은 인간 전문가의 의사결정 능력을 모방한 인공지능 컴퓨터 시스템으로 주어진 상황에 따른 적절한 대안을 제시한다. 전문가 시스템은 전문가 수준에서 수행하는 분류나 판단 등의 업무를 대체할 수 있는 규칙 기반 인공지능 기법이다. 전문가 시스템은 전문가의 지식과 경험을 표현한 If-Then 조건분기 형태의 지식기반과 이를 바탕으로 새로운 사실을 추론하기 위한 추론엔진으로 구성된다. 전문가 시스템은 상시 빠르고 정확한 전문가 수준의 의사결정을 내릴 수 있고, 의사결정의 정확성과 안정성이 높다. 모든 과정을 전문가가 확인해야 하거나 전문가의 도움 없이는 진행되기 어려운 업무를 효율적으로 수행해야 하는 화학·기계·지질탐사·의료 등의 다양한 분야에서 활발하게 사용되어 왔다. 건설 분야에서도 1980~1990년대에 공정·품질·클레임 분야 등 다양한 용도의 전문가 시스템이 활용되었다.

최근의 전문가 시스템은 전문가의 의사결정 과정을 더욱 효율적이고 유연하게 모방하기 위해 인공신경망과 데이터마이닝 등의 방법을 도입하는 방향으로 발전하고 있다. 이러한 새로운 형태의 전문가 시스템을 지능형 시스템Intelligent System이라고 하며 지능형 시스템은 새로운 지식을 쉽게 업데이트할 수 있고 빅데이터를 처리할 수 있는 장점이 있다. 최근 로스인텔리전스가 개발하여 화제가 된 법률전문가시스템 로스Ross는 지능형 시스템의 대표적인 사례이다. 로스는 아직 본격적인 인공지능 변호

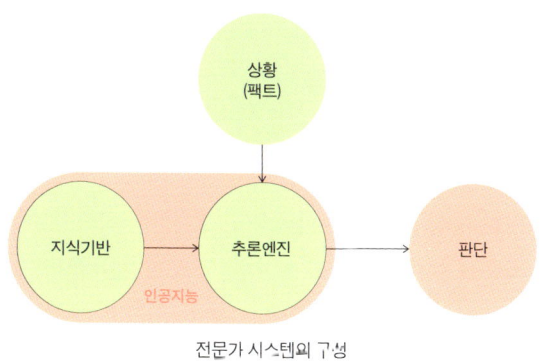

전문가 시스템의 구성

사의 수준에는 미치지 못하지만, 자연어 질의가 가능하고 초당 1억 장의 판례를 분석할 수 있어 업무 효율성을 혁신적으로 증가시켰다.

사례기반추론

사례기반추론Case-Based Reasoning, CBR은 현재의 새로운 사례에 대해 과거의 유사 사례 결과를 검색하는 방식으로 상황에 따른 적절한 해결방안을 제시한다. 사례기반추론은 과거 사례들을 저장해 둔 사례기반으로부터 새로운 사례와 가장 유사한 사례를 검색한 후 유사 사례의 해결책을 바탕으로 당면한 문제의 해결책을 제안하는 과정으로 진행한다. 예를 들어 자동차가 수리를 위해 맡겨졌을 때 자동차의 상황을 파악하고 과거의 유사한 정비 데이터와 비교하여 점검항목을 찾거나, 의료 분야에서 유사한 사례를 바탕으로 환자를 진단하는 데에 사용된다. 유사한 사례를 찾는 추론과정에서는 근접이웃방법론과 k-최근접 이웃 알고리즘 등을 활용하여 과거 사례와 새로운 사례 사이의 유사도를 측정하는 방식으로 대안을 선정한다. 사례기반추론은 실제 인간의 문제해결 방식과 유사한 방식으로 추론과정이 이루어지기 때문에 결과에 대해 이해하기 쉽고 새로운 사례를 단순히 저장하는 것만으로 추가적인 학습이 이루어지므로 유용하나, 문제가 복합적인 경우나 사례가 충분하지 못할 경우 다른 인공지능 기법 대비 정확도가 낮은 단점이 있다.

추천 시스템

추천 시스템Recommender System은 최근 상업적인 용도로 가장 많이 주목받고 있는 인공지능 기반 시스템이다. 추천 시스템은 정보 필터링 시스템의 일종으로 특정 사용자가 관심을 가질 만한 정보(영화, 음악, 책, 뉴스, 상품, 웹페이지 등)를 추천한다. 추천 시스템은 정보를 선별하여 추천 목록을 만들기 위해 일반적으로 협업 필터링 방식Collaborative Filtering과 콘텐츠 기반 필터링 방식 Content-Based Filtering을 활용한다. 협업 필터링은 사용자 간의 활동 기록과 선호도의 유사성에 기초하여 사용자들이 무엇을 좋아할지를 예측하는 방법인 데 반해 콘텐츠 기반 필터링은 추천하고자 하는 대상의 특성을 분석하여 과거에 사용자가 좋아하였던 것들과 유사한 항목을 추천한다. 아마존·넷플릭스·유튜브·구글·네이버 등 국내외 대부분의 상업용 웹사이트에서는 추천 시스템을 활용하고 있으며, 추천 시스템의 활용도가 기업의 성패를 좌우하기도 한다.[44]

---

44   넷플릭스와 아마존 각각 매출의 75%와 35%가 추천 시스템에 의해 발생한다고 집계됨

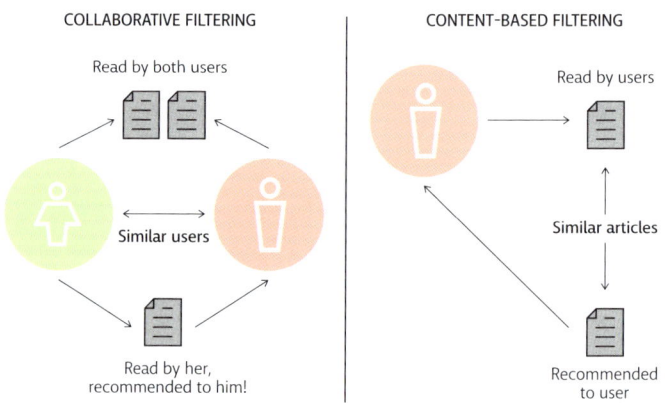

협업 필터링과 콘텐츠 기반 필터링[45]

---

45 https://www.linkedin.com/pulse/amazons-recommendation-engine-secret-sauce-mario-gavira

인공지능과 빅데이터 기술

2.7

인공지능·빅데이터의 역할 ⑤

최적 대안 만들기

인공지능·빅데이터는 단순히 주어진 상황을 분석·파악하고 적절한 대안을 추천하는 것뿐만 아니라 최적의 대안을 스스로 만들어 내는 역할을 수행할 수 있다. 전문가가 먼저 만들어 주지 않은 대안을 인공지능 스스로 만든다는 점에서 가장 창의적인 역할이라 할 수 있지만, 주어진 사례에서 패턴을 발견하거나 혹은 유한한 선택지Design Space 속에서 최적해나 최적의 행동을 발견하는 방식으로 대안을 만들기 때문에 좁은 인공지능[46]에 속한다 할 것이다.

주어진 사례(훈련 데이터)에서 패턴을 발견하고 이를 바탕으로 마치 인간지능이 새로 창조한 것 같은 사례를 만들어내는 역할은 보통 생성적 적대 신경망Generative Adversarial Network, GAN을 통해 구현한다. 인간이 선택 가능한 여러 선택지의 조합에서 최적의 대안을 만들어내는 것은 최적화의 영역이다. 최적화가 단순한 수학의 영역인지 인공지능의 범주에 들어가는지에 대해서는 논란의 여지가 있지만, 인간지능을 대신해 의사결정을 해줄 수 있다는 점에서 인공지능의 분야에 포함시킬 수 있다. 강화학습Reinforced Learning은 최적화의 경우처럼 선택할 수 있는 답안의 조합이 주어진 것이 아니라 선택할 수 있는 행동들과 행동에 따른 보상 기준이 주어진다. 이에 따라 강화학습 인공지능은 최종적으로 최대의 보상을 얻기 위한 행동 방침을 결정한다. 최적화와 강화학습은 따로 훈련 데이터가 필요 없으며 선택지 속에서 스스로 시나리오 데이터를 생성하고 이를 학습에 활용하여 최적

---

46 한 가지 또는 특정 영역에 국한된 인공지능으로 해당 영역을 벗어나서는 학습 등 지능으로서의 역할을 하지 못함

의 결과를 만들어내는 학습 방식을 적용한다.

생성적 적대 신경망

생성적 적대 신경망GAN은 생성자Generator와 판별자Discriminator 두 개의 모델을 경쟁적으로 학습시켜 생성자가 만들어내는 결과의 품질을 높이는(결과물을 보다 진짜처럼 보이게 만드는) 딥러닝 기법으로, 인간이 답을 레이블 형태로 제공하지 않기 때문에 비지도 학습 인공지능에 속한다. 생성자는 주어진 진품 결과물을 바탕으로 이것과 최대한 유사한 가품 결과물을 만들어 판별자를 속이려고 노력한다. 반면 판별자는 생성자가 만들어내는 가품 결과물에 속지 않고 가품 판정을 내리기 위해 노력한다. 이렇게 두 개의 모델이 서로 적대적인 관계를 형성하며 스스로의 성능을 높이려고 경쟁하며, 이러한 과정에서 생성자가 만들어내는 가품 결과물은 마치 진품처럼 보일 정도로 정교해지는 방식이다.

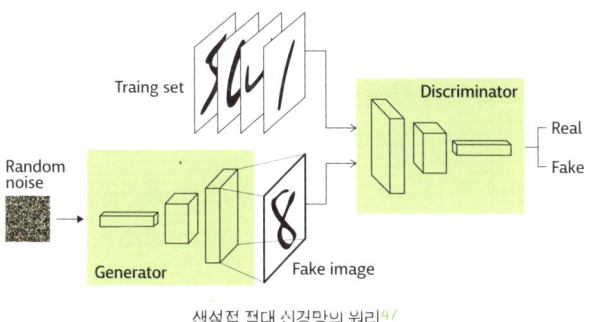

생성적 적대 신경망의 원리[47]

47　S. Chaillou, AI + Architecture: towards a new approach, Harvard University 188(2019).

2020년 방영된 드라마 '스타트업'에 등장한 손글씨체 생성 프로그램은 생성적 적대 신경망 기법을 활용한 것으로 추정된다. 즉 사용자의 손글씨를 컴퓨터가 인식해서 이를 바탕으로 사용자가 직접 쓰지 않은, 하지만 마치 사용자가 직접 쓴 것처럼 정교한 손글씨들을 만들어내는 것이다. 또한 사진을 특정 화풍처럼 바꾸어 주거나, 기존의 음악을 바탕으로 유사한 새로운 음악을 만들어내거나, 사람의 얼굴이나 방의 사진들을 바탕으로(인간이 속아 넘어갈 정도로 그럴듯한) 가짜 사람의 얼굴이나 방을 만들어내는 것도 생성적 적대 신경망의 역할이다. 건축에서도 대지와 건축물의 형태Footprint가 주어지면 생성적 적대 신경망을 통해 마치 건축가가 만들어낸 것처럼 그럴듯한 설계 대안을 만들어내는 등 여러 방면에서 활용성을 보이고 있다.

최적화

최적화는 인간이 선택할 수 있는 선택지의 조합을 통해 가장 큰, 혹은 가장 작은 출력값을 만들어내는 것이다. 선택지가 많지 않다면 의사결정나무Decision Tree 등을 통해 모든 가능한 경우의 출력값을 계산해 보고 최적해를 도출할 수도 있는데 이를 전체 탐색법Brute Force 이라고 한다. 하지만 보통 선택지의 조합이 복잡한 경우 가능한 경우의 수가 매우 커져 모든 경우를 살펴보는 것이 어려울 수 있다. 예를 들어 어떤 건물의 향이 360도 중 하나

일 수 있고(즉 10도씩 향을 조절할 수 있다면 36개의 선택지) H형 평면의 형상이 10가지 선택지를 가진 6개의 길이값에 의해 결정된다고 할 경우 가능한 선택지의 조합은 3,600만 개나 될 수 있다. 또한 모델이 복잡한 경우에도 입력한 하나의 선택지에 따른 출력값의 계산에 시간이 오래 걸릴 수 있다. 이때 전체 탐색보다 효율적인 탐색 알고리즘을 사용해야 하는데 이를 최적화 알고리즘이라 통칭한다.

최적화의 대표적인 알고리즘은 유전자 알고리즘Genetic Algorithm[48]으로 매우 넓은 활용성이 있어 다양한 산업에서 활용되고 있다. 건설산업에서도 매우 큰 활용 가능성이 있다. 대표적으로는 최단기간에 프로젝트를 완료할 수 있는 일정 생성, 특정 지역에 건축물을 배치하거나 현장 가설시설물 배치, 철골 구조물의 철골 크기와 형태 결정 등을 꼽을 수 있다. 최근에는 유전자 알고리즘 외에도 개미집단 최적화Ant Colony Optimization[49], 입자군집 최적화Particle Swarm Optimization[50] 등 다양한 알고리즘이 개발되어 활용될 수 있다.

강화학습

강화학습은 특정 상황에서 행동할 수 있는 선택지를 에이전트에게 준 다음 에이전트의 행동에 따른 (누적)보상[51]을 주어 에이전트가 올바른 행동을 학습할 수 있도록 하는 방법이다. 강화학습

---

48 생물이 교차, 돌연변이, 도태 등으로 환경에 적합하도록 진화함을 모방하는 최적화 알고리즘
49 개미집단이 먹이를 찾고 둥지로 나르는 행동을 모방하는 최적화 알고리즘
50 새 무리와 물고기 떼와 같은 동물 무리들의 집단행동을 모방하는 최적화 알고리즘
51 보상이란 각 시간마다 에이전트가 얼마나 잘하고 있는지 나타내는 척도로서 강화학습에서 에이전트의 목적은 누적 보상을 최대로 하는 것이다.

은 인간이 특정 행동에 대해 수많은 시행착오를 거치면서 경험을 쌓아 나감으로써 지능을 갖게 되는 방식과 유사하며, 마치 인생을 반복해서 사는 것처럼 동일 상황에 대한 다양한 행동을 여러 번 해보면서 학습 데이터(경험)를 만들어 나간다. 또한 시간에 따라 행동을 하게 되므로 행동의 순서가 매우 중요하며, 행동의 순서에 따라 컴퓨터가 생성하는 학습 데이터도 달라진다.

강화학습은 스스로 시행착오를 거쳐 데이터를 만들어내기 때문에 학습 데이터를 따로 제공하지 않아도 된다는 장점이 있으며, 행동의 규칙과 평가 기준을 명확히 제공할 수 있는 문제에 대한 최적 행동 패턴을 만들어내는 데 적합하다. 따라서 강화학습은 바둑·체스 등의 보드게임과 비디오 게임에서 최적의 행동을 찾는 데 활용되고 있으며, 그 밖에 투자 포트폴리오의 의사결정이나 인프라 시설물들의 운용, 사람이나 자동차의 적절한 이동경로 결정 등에도 활용할 수 있다.

권3. 건설산업 혁신의 키워드, 인공지능과 빅데이터

3.1 설계대안 자동생성
3.2 설계 지원 및 상세화
3.3 작업자 동선 파악 및 안전관리
3.4 스케줄 및 작업계획
3.5 프로젝트 진행 기록 및 모니터링
3.6 건설현장 모니터링 및 관리
3.7 스마트 건설장비 및 로봇

건설산업에서의 인공지능과 빅데이터의 활용

3

건설산업에서의
인공지능과 빅데이터의 활용

3.1
설계대안 자동생성

인공지능·빅데이터는 건설산업에서 초기에 설계대안을 자동으로 생성하는 데 활용될 수 있으며 흔히 생성적 설계Generative Design로 불린다. 인공지능·빅데이터를 설계대안 자동생성에 활용하면 크게 두 가지 이점을 누릴 수 있다. 첫째, 설계자가 많은 시간을 들여 설계대안을 만들고 이를 토대로 사업 타당성을 검토하는 과정을 컴퓨터가 진행하도록 해줌으로써 매우 빠르게 수익성을 검토하고 대지 선정 및 사업 진행과 관련한 의사결정을 지원해줄 수 있다. 둘째, 설계대안이 가질 수 있는 경우의 수Design Space는 매우 많지만, 현실에서는 프로젝트에 주어진 시간적 제약으로 인해 설계자는 경험과 직관을 통해 보통 몇 가지 대안을 생성하고 비교를 하여 발전시킬 설계대안을 결정한다. 인공지능을 활용하여 설계대안을 생성하면 이 과정에서 자칫 놓칠 수 있는 더 우수한 설계대안을 찾아냄으로써 건축물의 품질 향상에 기여할 수 있다.

생성적 설계는 생성적 적대 신경망, 심층강화학습Deep Reinforced Learning[52]과 같은 인공지능 기법을 활용해 주어진 정보와 제약사항에 맞춰 컴퓨터가 설계대안을 빠르게 생성한다. 최근에는 컴퓨터가 생성하는 설계대안에 인간이 가이드를 주는 형식으로 반복되면서 컴퓨터와 인간이 함께 설계를 진행하는 방식으로 진화하고 있다. 국내에도 스페이스워크[53], 텐일레븐[54]과 같은 설계대안 자동생성 회사들이 계속해서 등장하고 있으며, 인공지능·빅

---

52 강화학습에 딥러닝을 적용한 기술로 강화학습에서 행동에 따른 기대보상을 결정할 때 심층신경망을 사용하여 학습의 효율을 높임
53 https://spacewalk.tech/
54 https://1011.co.kr/

데이터 활용을 통해 가시적인 성과를 낼 수 있는 분야 중 하나로 평가되고 있다. 해외의 사례로 몇 가지를 함께 소개하면 다음과 같다.

TestFit(미국)

TestFit은 플래너의 지식과 인공지능(알고리드믹 디자인)을 결합하여 생성적 설계를 통해 다가구주택·호텔·주차장 등의 프로토타입 솔루션을 몇 초 만에 생성한다. 이 회사는 이 기술을 보다 쉽게 사용할 수 있도록 만듦으로써 기술적 장벽을 없애고 시장의 기대를 초과하는 것을 목적으로 하고 있으며, 적용사례가 발표된 것은 없지만 꾸준히 기술이 개발되고 있다.

TestFit은 디벨로퍼와 건축가가 빠르게 건축 프로젝트의 수익성을 테스트할 수 있도록 해준다. 간단히 평형의 조합이나 주차장 형태, 대지 상황 등의 조건을 변경해 주면 TestFit 소프트웨어는 설계를 빠르게 생성하고 이를 바탕으로 각종 비용과 예상 수익을 계산해 줄 수 있다. TestFit의 장점은 이 소프트웨어가 CAD나 스케치업 등의 여타 설계지원 툴과 달리 데이터 중심의 툴이라는 것이다. 평형의 조합이나 세트백[55] 등의 제약조건을 소프트웨어에 넣으면 바로 건축 대안을 만들어주고 이를 바탕으로 수익성을 계산할 수 있다. 예를 들어 컴퓨터가 만들어낸 설계안의 특정 유닛을 선택하고 다른 평형으로 지정하면 복도와 외

---

55 초기의 부지 경계선에서 개방감이나 일조권 확보를 위해 외벽을 후퇴시키는 것

TestFit의 생성적 설계를 위한 컴퓨터-인간 인터페이스의 예[56]

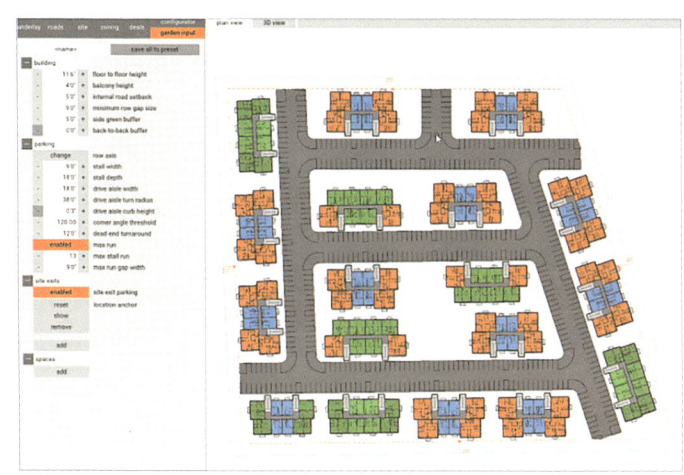

TestFit을 통한 배치계획 자동 설계의 예

---

56   https://testfit.io/

벽 등을 포함하여 설계안이 적절하게 자동으로 수정된다. 또한 복도나 계단실의 폭이나 깊이 등을 조절하거나 유닛의 숫자를 조정하면 자동으로 설계안이 변경되는 파라메트릭 에디터를 제공한다.

또한 TestFit은 자신들의 소프트웨어가 설계자들에게도 유용하게 활용될 수 있다고 강조한다. GIS로부터 받아들인 실제 대지 정보에 다양한 옵션들을 조합함으로써 빠르게 설계안을 만들어내고 설계자들의 번거로운 일들을 덜어낼 수 있다. 예를 들어 TestFit은 생성한 설계안에 설치할 수 있는 최적 주차장의 형태를 만들어낼 수 있다. 또한 설계자들이 TestFit이 생성한 모델을 설계안으로 계속 발전시킬 수 있도록 스케치업이나 AutoCAD, 혹은 Revit 등의 소프트웨어로 추출하는 기능을 제공한다.

Autodesk(미국)

AutoCAD와 Revit 등의 소프트웨어로 건설산업에서 매우 유명한 Autodesk사는 Autodesk Research라는 프로그램으로 인공지능, 인간-컴퓨터 협업, 로보틱스, 시뮬레이션과 최적화 등의 여러 연구 프로젝트를 수행하고 있다. 그중 Dreamcatcher 프로젝트[57]는 CAD 시스템이 설계자의 목적과 조건에 맞는 수천 가지 설계 대안을 빠르게 생성하고, 생성한 설계안들의 주요 지표들을 비교해서 설계자의 대안 선정을 돕는 것을 목적으로 하고 있다. 2021년

---

[57] https://www.autodesk.com/research/projects/

6월 현재 Dreamcatcher 도메인[58]은 존재하고 인터페이스의 단편은 볼 수 있지만, 아직 구체적인 정보는 공개되지 않고 있다. 소요되는 자재량, 비용, 안전, 제조 용이성 등에 대한 중요도를 설정하면 이에 맞게 설계 대안들이 생성돼 산점도를 통해 비교되고, CSV^{Comma Separated Variables}[59] 포맷으로 출력되어 엑셀 등에서 활용될 수 있도록 할 것으로 보인다.

---

58   https://dreamcatcher.autodesk.com/
59   쉼표를 기준으로 항목을 구분하여 저장한 데이터

3.2
설계 지원 및 상세화

컴퓨터가 설계대안을 직접 생성하지 않더라도 인공지능·빅데이터는 인간의 설계 작업을 도와주거나 상세화하는 데 활용될 수 있다. 이러한 활용 분야는 창조성을 발휘하는 영역이라기보다는 인간이 수행하기에 다소 지루하고 실수하기 쉬운, 그러나 설계품질을 향상시키기 위해 꼭 해야 하는 반복 작업을 컴퓨터가 대신 수행해 줌으로써 인간이 설계 본연의 작업인 창조성에 더 집중할 수 있도록 해준다.

Bricsys(벨기에)

Bricsys는 2002년 설립된 엔지니어링 설계 소프트웨어의 제작사이며, BricsCAD 소프트웨어를 개발하고 있다. BricsCAD는 인공지능 기술을 적극적으로 도입하여 건축 설계자가 보다 상세하고 완성도 있는 BIM을 가질 수 있도록 지원한다. BIM의 상세화 수준을 높이기 위해 BricsCAD는 다음 몇 가지 기능을 인공지능을 통해 구현한다.

첫째, BricsCAD의 Bimify 기능은 설계자가 만든 솔리드 모델[60]의 형상을 바탕으로 문, 방, 슬래브, 벽, 창호 등으로 부재를 분류한 후 적절한 IFC Industry Foundation Classes[61] 분류로 지정하고 모델을 상세화한다.

둘째, Automatch는 마치 워드와 같은 문서 편집기 프로그램에서 서식을 복사하여 덮어씌우듯이 BIM의 부재 정보 중 빠뜨러

---

60 모델링 프로그램에서 입체를 기본 형상의 3차원적 컴퓨터 연산에 의해 표현한 것
61 건축, 엔지니어링 및 건설산업에서 사용되는 주요 소프트웨어 프로그램들 간 상호 호환할 수 있는 국제표준 데이터포맷

속성 정보를 자동으로 채워놓거나 누락된 부재를 자동으로 찾아 설치할 수 있도록 제안함으로써 BIM의 완성도를 높인다. 또한 부재의 디테일을 일괄적으로 향상시켜 모델 전체의 상세화 수준 Level of Detail을 일관성 있게 관리할 수 있도록 한다. 아래 그림은 소프트웨어에서 덕트 배관에 플랜지를 일괄 적용한 모습이다.

Autodesk(미국)

Autodesk사의 Design Graph는 3차원 설계 데이터로부터 특징을 추출하여 이들을 분류하고 설계자가 유사한 부재를 검색하고 활용할 수 있도록 지원한다. 3D 모델의 검색엔진처럼 수많은 3D 부재 데이터에서 유사한 형상의 제품을 빠르게 찾을 수 있도록 해주는데, 여기에는 3D 부재 데이터의 특징을 기반으로 부재들을 분류할 수 있는 지도형 기계학습 알고리즘이 활용된다. 예를 들어 의자는 네 개의 다리가 있고, 수평으로 놓은 판의 모서리에 연결되어 있으며, 두 다리는 수직으로 치솟아 있고 이를 수평 부

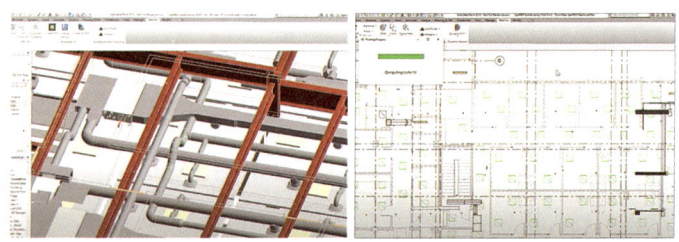

GenMEP에서 자동으로 생성한 배관 및 전기배선 설계의 모습

재가 연결하고 있는 특징이 있다는 식이다.

이를 통해 Design Graph는 3D 부재들의 등록자들이 일일이 라벨을 붙이지 않더라도 컴퓨터가 스스로 부재의 고유한 특성에 기반하여 부재들을 학습하고 분류할 수 있도록 해준다. 즉, Autodesk의 A360 플랫폼에서 부재를 검색하면 라벨링이 일일이 되어 있지 않은 부재라도 그 형상에 맞는 부재를 머신러닝을 통해 분류하고 찾아준다.

Building System Planning(미국)

Building System Planning은 BIM의 건축, 설비, 구조 시스템 간 조율을 돕기 위해 인공지능을 사용하는 것을 비전으로 하는 회사로 2015년 창립하였고 현재 홈페이지 등이 접속되지 않는 상태이다. 휴리스틱[62] 알고리즘과 온톨로지Ontology[63] 기술을 바탕으로 Revit 소프트웨어 내에서 MEPMechanical Electrical and Plumbing충돌을 찾아내거나 자동으로 배관 설계를 하는 Add-On 소프트웨어인 GenMEP를 개발하였다. GenMEP는 배관의 꺾임 각도나 배관 간격 등을 결정하면 이에 맞추어 자동으로 배관 설계를 수행하고 이를 따로 저장할 수 있도록 해준다. 레이저 스캐닝을 통해 만들어진 포인트 클라우드[64]나 IFC 형식으로 저장된 건축물 모델을 위한 배관 설계를 수행할 수 있으며, 여러 배관을 순차적으로 생성함으로써 배관 간의 충돌을 원천적으로 봉쇄한다는 특징

---

62   빠르고 용이하게 적용할 수 있는 간편 추론 내지 명령
63   여러 개념과 개념 간의 관계를 컴퓨터에서 다룰 수 있는 형태로 표현한 모델로 이를 통해 컴퓨터는 지식을 습득하거나 처리할 수 있게 됨
64   3차원 공간상에 퍼져 있는 여러 점의 집합

이 있다. 또한 시작지점과 종료지점, 그리고 중간지점을 만들어주고 간격 등 파라메터를 설정하면 이에 맞게 전기배선을 순차적으로 생성하는 모습을 보여준다.

---

65 사용자가 원하는 방식으로 자료가 처리되도록 하기 위하여 명령어를 입력힐 때 추기히거나 변경하는 수치 정보

건설산업에서의
인공지능과 빅데이터의 활용

3.3
작업자 동선 파악 및 안전관리

인공지능은 비콘beacon[66] 등 위치추적 시스템과 결합되어 건설현장에서 작업자들의 동선 파악 및 이를 활용한 안전사고 방지에 활용될 수 있다. 건설현장은 위험 상황이 계속해서 변하고 작업자도 지속적으로 움직이고 있다. 「중대재해처벌법」 등 안전사고에 대한 프로젝트 리스크는 계속해서 증대되고 있지만 현장 콘텍스트와 무관한 작업자 안전교육만으로는 사고를 줄이는 데 한계가 있고, 현장 안전관리자가 모든 상황을 항시 파악하고 적시에 안전지도를 하는 것은 불가능에 가깝다. 인공지능·빅데이터는 안전사고를 유발하는 상황을 예측하고, 인간의 도움 없이 작업자의 위치와 동선을 실시간으로 파악한 후, 위험을 판단하고 작업자와 안전관리자에게 조기 경보를 줄 수 있다. 또한 수집되는 현장 데이터는 안전과 관련한 지식을 지속적으로 업데이트하는 데 쓰인다.

Kwant(미국)

Kwant는 건설 프로젝트의 리스크를 조기에 감지하는 데 인공지능을 사용한다. 이를 위해 Kwant는 수천 개의 프로젝트 스케줄을 인공지능을 이용해 분석한다. 센서 네트워크와 웨어러블 센서를 통해 실시간으로 수집되는 데이터는 기존에 수집한 스케줄 데이터와 비교하여 일정, 비용, 안전사고 등과 관련된 위험을 조기에 예측하고 알려준다. 최대 2년까지 배터리 교체 없이 사용할 수 있는 센서 장비를 통해 수집되는 프로젝트 실행 데이터는 실시간

---

[66] 위치 정보를 전달하기 위해 어떤 신호를 주기적으로 전송하는 기기

으로 분석된다. 이 데이터는 파악되는 위험 요소와 함께 대시보드 형태로 시각화되어 제공된다. Kwant는 이를 통해 노동생산성을 20% 향상시키고 안전사고 조기대응에 필요한 시간을 80% 단축시키며 프로젝트 리스크를 감소시킬 수 있다고 설명하고 있다.

그 사례로 Malbro Construction은 현장 근로자의 출퇴근을 수동으로 기록하고 생산성을 측정하여 빠르게 사고에 대응하고자 Kwant의 시스템을 사용하였다. 현장 근로자들은 웨어러블 센서를 달고 일하면 안전사고에 빠르게 대응할 수 있다는 점과 퇴근 후에는 그들의 위치나 개인정보를 전혀 추적하지 않는다는 사실을 알고 센서를 설치하고 일하는 것을 개의치 않았다. 따라서 Kwant는 하이브리드 LPWAN[Low Power Wide Area Network(저전력 광대역 통신망)] 블루투스 센서를 근로자들의 헬멧에 부착하였다. 이를 통해 현장에서 이들의 위치 정보를 수집하고 인공지능을 이용해 프로젝트 진행 상황을 분석하고 업데이트하였다. 이로 인해 하루에 45분 정도 소요되던 근로자들의 출퇴근 기록을 10초 정도에 할 수 있고, 작업자들이 올바른 작업구역에서 일함으로써 생산성을 11% 높였으며 안전사고의 조기대응 시간을 88% 단축할 수 있었다고 보고하였다.

SmartVid(미국)

SmartVid는 머신러닝 기반의 인공지능을 통해 건설 프로젝트의

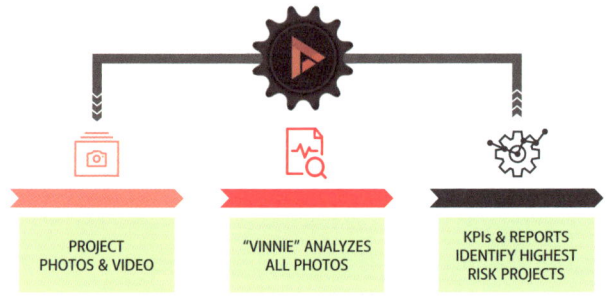

SmartVid의 사진과 영상 기반 안전 리스크 평가 프로세스[67]

안전, 생산성, 품질과 관련된 리스크를 줄이고자 하며, 현재는 주로 안전 리스크를 줄이는 것에 역량을 집중하고 있다. SmartVid는 건설현장의 사진과 영상 이미지를 통해 안전 리스크를 학습시킨 인공지능 엔진을 Vinnie라 부르고 있다. Vinnie의 안전 관찰Safety Observation, 안전 모니터링Safety Monitoring, 예측적 분석 Predictive Analytics모듈이 프로젝트의 사진과 영상 이미지를 분석하여 안전 리스크를 평가하고 제공하는 역할을 한다.

Vinnie라 불리는 인공지능 엔진은 가상의 안전관리자처럼 수집되는 사진과 영상 데이터를 분석하여 현장의 위험요소를 자동으로 파악하고 개인보호구의 미착용, 고소작업으로 인한 위험, 잘못된 사다리 사용 등의 안전 리스크를 평가하고 이를 대시보드[68] 형태로 보고하는 역할을 한다. 또한 리스크가 높은 프로젝트를 파악하고 이를 조기에 경고함으로써 사람들이 리스크에 대

---

[67] https://www.smartvid.io/
[68] 한 화면에서 다양한 정보를 중앙 집중적으로 관리하고 찾을 수 있도록 하는 사용자 인터페이스(UI)기능

응할 수 있도록 해준다.

    Suffork사는 인공지능을 예측적 분석에 활용하여 건설안전 문제를 해결하고자 SmartVid와 협력하였다. Suffork사는 지난 10년간 수집한 프로젝트 사진과 프로젝트 종류, 날씨, 단계 등의 데이터를 SmartVid에 제공하였고, SmartVid는 인공지능 엔진 Vinnie를 활용하여 안전보호구 미착용 사례들을 자동으로 식별하고 사진에 담긴 안전 리스크를 분석하였다.

    이후 인공지능이 보지 못한 3년간의 프로젝트 데이터와 사진, 사고사례를 가지고 조기 경고 시스템의 예측 수준을 평가하였는데, 그 결과 Vinnie 시스템은 전체 사고사례의 20%를 80%의 정밀도로 예측하였다. 만약 잘못된 경고에 너그러운 현장관리자여서 더 자주 조기 경고를 울려주기를 원한다면 이 시스템은 전체 사고의 40%에 대해 경고를 울려줄 수 있는 반면 정밀도는 66%로 떨어진다(즉 경고가 울린 세 건의 사례에서 두 건이 실제 사고로 이어졌다). 2018년 기준 1건의 사고가 약 3만 6,000달러(약 4,224만 원) 정도의 비용 발생으로 이어졌으므로, 연간 50개의 프로젝트를 수행하는 회사에서 25% 정도의 사고(연간 40~100개의 사고)를 예방하였다면 연간 안전사고로 인한 비용에서 140만~360만 달러(16억 4,248만~42억 2,400만 원)를 줄일 수 있을 것이다.

건설산업에서의
인공지능과 빅데이터의 활용

3.4
스케줄 및 작업계획

건설 프로젝트의 생성적 계획Generative Planning 분야도 인공지능·빅데이터가 크게 활용될 수 있는 분야이다. 설계대안 생성과 유사하게 프로젝트 프로세스 생성 또한 시간의 제약을 매우 많이 받는다. 건설 프로젝트 관리자는 제한된 시간 안에서 프로젝트 수행 계획을 작성하기 위해 경험과 직관을 활용하지만, 이미 인공지능·빅데이터를 통해 생성한 계획이 더 효율적일 수 있다는 연구가 여럿 등장하고 있다.

건설 프로젝트의 실행을 위해서는 현장 가설시설물들의 배치, 토공사 계획, 리프트와 타워크레인의 배치, 자재와 부재들의 운송, 현장 설치 스케줄링 등 수없이 많은 계획들이 필요하며, 대부분의 계획은 인공지능·빅데이터의 도움 없이 인간의 판단으로 수립되고 있다. 이러한 영역들이 모두 인공지능·빅데이터의 도움을 받는다면 더 많은 대안이 검토될 수 있고, 계획의 실현 가능성과 효과가 모두 높아질 것으로 전망된다.

Alice Technologies(미국)

Alice Technologies는 인공지능을 통해 수없이 많은 프로젝트 스케줄을 빠르게 생성하여 최적화한다. 시공사는 이동식 크레인을 추가할지, 작업조를 추가로 투입하거나 줄일지, 기후 조건이 현장 운용에 불리하게 되지 않을지 등 다양한 What-If 시나리오에 대응하는 스케줄 대안들을 빠르게 생성하여 예상 공기와 비용을 분석·검토할 수 있다.

　Alice Technologies를 사용해서 스케줄을 만들어내기 위해서는 다음 네 단계를 따른다. 첫째, 3D 모델이나 기존 스케줄을 업로드한다. 둘째, 가용한 노무 및 장비 정보, 작업별 생산속도, 크레인의 위치, 달력 정보 등 프로젝트 스케줄링에 필요한 제약조건 등을 입력한다. 작업마다 작업을 이루는 하위작업들과 이를 수행하기 위한 자원들을 정의하는데 이를 Recipe라고 부른다. 셋째, Alice 소프트웨어는 이렇게 입력된 정보를 바탕으로 수많은 시뮬레이션을 수행하며 주어진 제약조건을 만족시키는 대안들을 생성한 후 예상 공기와 비용을 산출하고 시각화해서 보여준다. 넷째, Alice 소프트웨어는 생성한 각각의 스케줄 대안들을 자원 정보가 탑재된 4D 스케줄로 보여주고 프리마베라와 같은 스케줄링 소프트웨어 호환 파일로 출력해 준다.

　또한 프로젝트가 진행되는 동안 스케줄 지연이 발생할 경우에도 인공지능을 활용해 빠르게 스케줄을 다시 만들어내어 프로젝트 실행을 돕는다. Alice Technologies는 이를 통해 공기를 17%, 노무비와 장비비를 12~14% 감축할 수 있다고 주장한다.

　태국에 기반을 두고 있는 Ananda Development는 초고층 주거 프로젝트의 개발을 위해 Alice 기술을 적용하였다. 이 기술을 통해 Ananda는 가장 효율적인 시공 방식을 선택하기 위해 다양한 변수의 영향을 검토하였다. 특히 Ananda는 작업자들의 연장

TraceAir의 토공사 계획 지원 시스템[69]

근무가 프로젝트 공기와 비용에 미치는 영향을 사전에 검토함으로써 프로젝트 공기를 단축하고 비용 또한 절감할 수 있었다고 한다. 또한 미국의 Parson사는 캐나다 Edmonton시의 경전철 연장 프로젝트 입찰에 Alice 기술을 적용해 스케줄을 생성하였다고 한다.

TraceAir(미국)

TraceAir는 2015년 설립된 회사로 프로젝트의 토공사 작업을 위해 드론 기반의 측량 기술과 작업순서 계획 수립을 지원하는 기

---

69   https://traceair.net/

술을 제공한다. 드론을 통해 현장을 빠르고 정확하게 측량하여 3차원 지도를 생성하고 프로젝트 계획과 오버랩시켜 현황을 파악할 수 있도록 한다. 드론이 생성한 이미지를 분석하여 파일들의 위치나 지형의 높낮이 등을 측량할 수 있다. TraceAir의 소프트웨어는 원하는 형태로 대지를 고르기 위해 필요한 효율적인 주간 작업계획을 10분 안에 만들어 준다. 또한 웹 기반 플랫폼을 제공해 태블릿과 같은 다양한 기기에서 현장의 진도 상황을 원격으로 확인할 수 있도록 함으로써, 발주자·시공자와 같은 다양한 참여자들이 항상 동일한 정보를 얻을 수 있다.

건설산업에서의
인공지능과 빅데이터의 활용

3.5
프로젝트 진행 기록 및 모니터링

건설 프로젝트의 현장 상황과 진도를 실시간으로 기록하고 모니터링하기 위해 인공지능·빅데이터를 활용하고자 하는 움직임 또한 매우 주목할 만하다. 컴퓨터가 이미지나 영상을 스스로 인식할 수 있게 되면서 인간의 도움 없이 현장의 이미지나 영상을 계획과 대비하여 분석하는 것이 가능해졌기 때문이다. 프로젝트 진행에 대한 기록이나 모니터링된 결과는 클라우드 서버에 저장됨으로써 발주자 혹은 프로젝트 이해관계자가 전 세계 어디에 있건 프로젝트 진행 상황을 쉽게 파악할 수 있다.

한 예로 건설장비 제조업체인 Komatsu에서는 2015년 스마트 건설 솔루션을 개발하였다. KomConnect는 핵심기술 중 하나로 드론, 카메라, 스마트 건설장비 등을 통해 수집되는 데이터를 기계학습으로 실시간으로 분석해 현장 상황에 대해 정확히 파악할 수 있도록 하였다[70].

Buildots(이스라엘, 영국)

Buildots는 컴퓨터 비전을 적극적으로 활용하여 건설산업을 현대화하고자 하며, 360도 카메라를 안전모에 부착해서 프로젝트 관리자가 현장의 상황을 파악하고 일정 준수 여부를 파악할 수 있도록 한다.

Buildots의 소프트웨어는 건축도면과 스케줄을 활용해서 건설현장의 디지털 트윈Digital Twin을 만들어내고, 안전모에 부착된

---

[70] https://www.constructionglobal.com/

Buildots의 360도 카메라를 헬멧에 장착한 모습[71]

Buildots를 활용해 계획과 실제를 비교한 모습

71   https://buildots.com/

카메라를 통해 공급받는 이미지를 바탕으로 컴퓨터 비전[72] 기술을 이용해 현장의 상황을 파악한 다음, 계획과 실제를 비교해서 알려준다. 예를 들어 Buildots는 임의의 방에 계획된 전기 콘센트가 설치되지 않았다거나 부엌에 개수대가 아직 설치되지 않았다거나 하는 것을 즉각 인식하고 알려준다.

OpenSpace(미국)

OpenSpace 또한 컴퓨터 비전 중심의 회사로 Buildots와 유사하게 360도 카메라 이미지 처리와 인공지능 분석을 통해 건설 프로젝트를 모니터링하고 현장 기록을 저장할 수 있도록 하는 플랫폼을

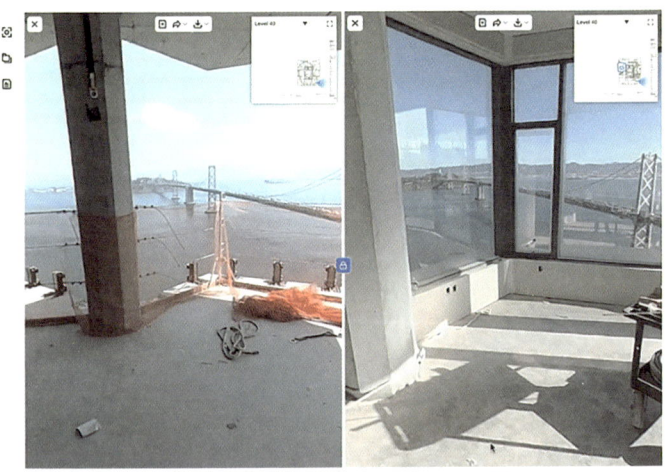

OpenSpace의 시간에 따른 현장 진행 기록 모습[73]

72　컴퓨터상에 투시된 영상들로부터 주어진 장면에 관한 유용한 정보를 추출하는 작업
73　https://www.openspace.ai/

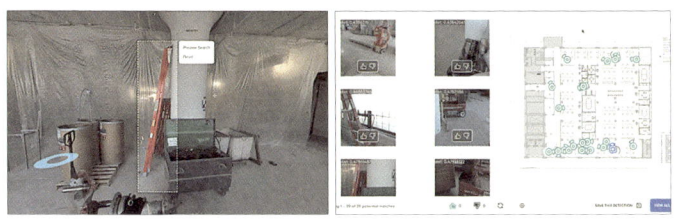

OpenSpace의 유사한 물체 이미지 검색 기능[74]

제공한다. 안전모에 부착된 카메라를 통해 수집된 이미지들은 클라우드 서버로 보내지고, 여기에서 컴퓨터 비전을 활용해 연결되어 쉽게 현장을 파악할 수 있도록 한다. 시간에 따라 지속적으로 현장 이미지가 모아지면 현장 작업이 어떤 식으로 진행되어 왔는지 원격으로도 시각적으로 확인할 수 있다.

또한 OpenSpace는 컴퓨터 비전과 인공지능에 기반한 몇 가지 기능을 제공하고 있다. 현장에서 수집된 이미지를 분석해 예정된 작업이 실제로 얼마나 진행이 되었는지 자동으로 표시해 주는 기능이나, 현장 이미지에 있는 어떤 물체를 선택하면 현장에 있는 이와 유사한 물체들을 자동으로 찾아주는 기능이 그 예이다.

SmartVid(미국)

앞에서 이미 소개한 바 있는 SmartVid도 프로젝트의 사진과 영상 자료를 한곳에 모으고 전사 차원에서 공유할 수 있는 플랫폼을 제공하고 있다. SmartVid에 따르면 평균적인 크기의 현장에서 생

---

74 https://www.openspace.ai/

성되는 사진과 영상 자료는 매주 50기가바이트 수준에 이른다고 한다. SmartVid는 이러한 자료들을 하나의 공간에 모으고 이들 자료를 쉽게 찾고 공유할 수 있도록 인공지능을 통해 자동으로 태그를 붙여준다. 사진과 영상 자료는 Procore나 Oracle Aconex, 혹은 Box와 같은 기존의 상용 툴을 사용해서 취득할 수도 있고 SmarVid에서 제공하는 별도의 모바일 앱을 사용하여 촬영할 수도 있다.

건설산업에서의
인공지능과 빅데이터의 활용

3.6
건설현장 모니터링 및 관리

인공지능 및 빅데이터가 가장 활발히 적용되고 있는 분야 중 하나는 현장의 모니터링 및 관리 분야이다. 건설현장에는 다양하고 많은 조직과 연력, 장비와 자재 등이 시시각각으로 변화하는 환경에서 작업을 수행하게 된다. 작업환경은 타 제조업의 환경과는 달리 실외인 경우가 많아 기후조건과 날씨의 영향이 크며, 생산 중인 건축물 자체가 작업환경의 일부를 이루고 있어 생산성 관리가 어렵고 안전사고 발생의 우려가 크다. 현장에서 수집되는 다양한 형태의 빅데이터와 인공지능을 활용한 현장 모니터링 및 관리 기술은 이러한 건설현장 관리 기술의 어려움을 보완하고 효율성을 크게 높이고 있다.

Doxel(미국)

2016년에 설립된 Doxel은 건설 생산성 향상에 초점을 맞춘 인공지능 기반 소프트웨어를 제공하는 스타트업 기업이다. 실시간 건설 최적화 플랫폼, 건설 프로젝트의 진행 상황을 추적하고 진행 및 품질에 대한 실시간 피드백, 카메라와 LiDAR^{Light Detection and Ranging}[75] 센서가 장착된 견고한 로봇과 드론을 사용한 작업현장 모니터링 분야에 강점을 가지고 있다.

    Doxel은 건설 프로젝트 관리용 로봇과 인공지능 기반 프로젝트 관리 소프트웨어를 개발하였다. 로봇은 현장을 모니터링하고 스캔하여 3차원 지도를 작성하고 자재의 형태·위치·크기 등

---

[75] 레이저를 대상 물체에 발사한 후 반사되어 돌아오는 것을 받아 물체까지의 거리 등을 측정하는 방법으로 3D 스캐너 등을 제작하는 데 사용됨

데이터를 수집하여 클라우드에 저장한다. 이후 3차원 시맨틱 딥러닝 알고리즘을 활용하여 학습한다. 또한 Doxel은 인공지능 기반 소프트웨어를 활용하여 품질 검사, 진도관리, 기성 산정, 실시간 진행 상황 보고서 작성, 프로젝트 성과 예측을 지속적으로 수행할 수 있다. Doxel은 로봇과 인공지능 기반 소프트웨어가 샌디에이고의 빌딩 건설현장에서 적용되어 노동생산성을 38% 높이고 예산 대비 11% 적은 비용으로 프로젝트를 완성하였다고 보고하였다.

Botmore Technology(영국)

Botmore Technology는 인공지능 기반 디지털 솔루션 개발 회사이다. 건설현장을 위한 인공지능 및 사물인터넷 기반의 Digital Assistant인 ConBot을 개발하였으며, 디지털 솔루션 개발뿐 아니라 건설회사를 위한 지속 가능한 기술 전략도 함께 제공한다.

Botmore Technology가 개

Botmore Technology ConBot 화면[76]

76 http://botmore.co.uk/

발한 ConBot은 인공지능 기반 챗봇으로 지도학습 알고리즘과 자연어 처리 기술을 기반으로 개발되어 다양한 스타일의 질문을 이해할 수 있다. ConBot은 사물인터넷 데이터, 프로젝트 데이터, 기술적 노하우와 연동되어 현장의 작업을 관리하고 프로젝트 관리에 필요한 질문에 답하거나 개선이 필요한 사항을 먼저 제안하는 역할을 한다. ConBot은 현장의 코디네이터 역할을 수행하며 의사결정 시스템과 연동하여 작동하고 현장 분석 결과를 생성한다. Botmore Technology의 시스템을 파일럿 프로젝트에 적용한 결과 생산성이 20% 향상되었으며, 문제가 발생하였을 경우 기존 방법보다 8배 빠르게 해결하였고, 안전 문제는 20% 감소한 것으로 나타났다.

viAct(홍콩)
2019년에 설립된 viAct는 홍콩의 인공지능 기반 건설 분야 솔루션 개발 회사이며, CEMEX Ventures가 선정한 2020년 Top50 ConTech 스타트업 기업이다. viAct는 독자적 기술을 개발하여 적용함으로써 건설산업의 안전성을 높이고 생산성을 증대시키는 것을 목표로 하고 있다.

viAct는 컴퓨터 비전 기술을 적용하여 안전성·생산성 향상을 위한 시스템을 개발하고 있다. 비전 인텔리전스로 구동되는 시스템을 통해 작업자가 위험구역에 들어가는 것을 사전에 탐지할 수 있으며, 적절한 안전보호구 착용 여부를 자동으로 식별할 수 있다. 생산성 측면에서는 현장 작업 현황을 자동으로 모니터링하고, 현장 내의 흡연자를 탐지할 수 있다. viAct의 시스템 적용 결과 위험구역 진입 예방에 80% 높은 효율성을 나타내었으며 600만 달러(약 70억 3,920만 원)의 잠재적 보상 비용을 절약할 수 있었다. 또한 작업자의 안전보호구 착용 여부를 수동 실시간 모니터링 대비 70% 절약된 비용으로 수행할 수 있었으며, 80%의 잠재적 보상 비용을 예방할 수 있는 것으로 나타났다.

Giatec Scientific(캐나다)

Giatec Scientific은 인공지능, 무선 콘크리트 센서, 사물인터넷, 모바일 앱, 비파괴 검사NDT기술 기반의 콘크리트 테스트 기술을 개

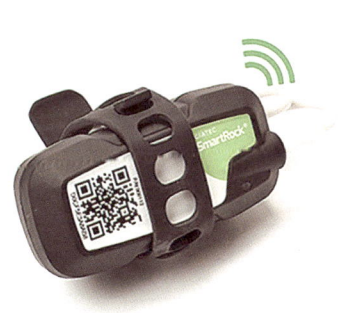

Giatec Scientific의 SmartRock 센서와 모바일 앱[77]

77 https://www.giatecscientific.com/

발하는 회사이다. 기존에 수작업으로 이루어지던 콘크리트 테스트에서 벗어나 설계·생산·배송·배치 중에 콘크리트 속성을 실시간으로 모니터링하고 데이터를 분석하는 스마트 기술을 구현하여 콘크리트 산업을 혁신하는 것을 목표로 하고 있다.

Giatec Scientific이 개발한 SmartRock, BlueRock, SmartBox 등의 무선 콘크리트 센서들은 콘크리트의 온도, 강도, 습도, 저항 등을 실시간으로 측정하고 모바일 앱을 통해 관찰할 수 있다. Giatec은 Roxi라는 인공지능 알고리즘을 개발하여 45개국의 6,200개 프로젝트에서 수집된 수백만 개의 데이터를 기반으로 훈련하고, 이를 콘크리트 성능의 특성을 예측하고 성능을 향상시키는 데 활용하고 있다.

건설산업에서의
인공지능과 빅데이터의 활용

3.7
스마트 건설장비 및 로봇

건설현장에서 활용되고 있는 장비를 자동화하거나 새로운 형태의 작업로봇을 개발하고자 하는 노력은 1990년대 이후 꾸준히 있었다. 과거의 장비 자동화와 건설로봇 개발은 주로 인간을 대신해서 위험하거나 반복적인 작업을 수행하는 하드웨어 개발에 치중하였다면, 최근에는 인공지능·센싱기술·GPS·사물인터넷 등의 소프트웨어 기술이 접목되어 스마트화를 넘어선 자율화를 목표로 하고 있다.

Built Robotics(미국)

Built Robotics는 미국 샌프란시스코에 기반을 둔 스마트 장비 개발 스타트업 기업으로 건설장비 자동화 소프트웨어와 하드웨어를 개발하고 있다. Built Robotics는 GPS, 카메라 및 인공지능 기술을 결합하여 일반 건설장비를 자율 로봇으로 변환하는 인공지능 변환 시스템AI Guidance System을 개발하여 기성 중장비를 업그레이드해 자율적으로 작동할 수 있는 기술에 특화된 회사이다.

Built Robotics는 2020년 라스베이거스에서 열린 CONEXPO-

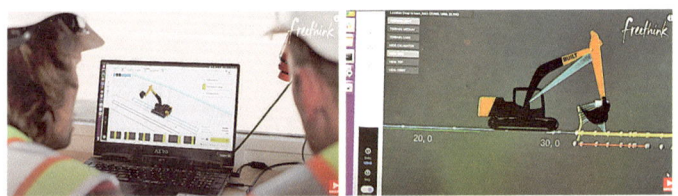

Built Robotics의 AI Guidance System을 적용한 굴착기[78]

78 https://www.builtrobotics.com/

CON/AGG 전시회에서 휴스턴에 있는 현장에서 작동하는 완전 자율 굴삭기, 불도저, 스키드 스티어 로더를 전시하였다. Built Robotics의 인공지능 변환 시스템은 모든 장비제조업체의 표준 장비에 설치할 수 있는 것으로 알려져 있다.

INTSITE(이스라엘)

INTSITE는 이스라엘에 있는 자율운행 건설장비 개발 회사이다. 자율주행 차와 마찬가지로 인간이 운영하는 중장비를 독립적으로 작동할 수 있는 자율운행 중장비로 대체하는 것을 목표로 하고 있다. INISITE는 컴퓨터 비전, 딥러닝, 항공우주 기술 등을 기성 하드웨어(카메라 및 기타 센서)와 결합하여 모든 중장비를 빠르고 비용 효율적인 방식으로 스마트하고 자율적인 로봇으로 변환하는 기술을 개발하고 있다.

INTSITE는 첨단 운전자 지원 시스템Advanced Driver-Assistance Systems 기술과 인공지능 기반 알고리즘을 결합하여 장비운전자를 가장 효율적인 궤도로 안내한다. 필요한 경우 안전 경고를 제공하는 ForeSite 기술과 한 단계 더 나아가 자율적으로 이동 경로를 결정하는 AutoSite 기술을 보유하고 있다.

FBR(호주)

FBR은 호주의 퍼스에 기반을 둔 건설 로봇 개발 회사이다. FBR

는 2005년부터 조적 작업용 로봇인 Hadrian X를 개발해 오고 있다. Hadrian X는 빠른 속도와 정확성으로 안전하게 작업할 수 있는 세계 최초의 모바일 조적 작업용 로봇으로, 3D CAD 모델을 기반으로 자동으로 블록 구조를 건축하며 기존 건축 방법에 비해 폐기물 배출량이 훨씬 적고 현장 안전성을 크게 높이는 효과가 있다. Hadrian X는 2019년 침실 3개와 욕실 2개 규모의 집을 3일 만에 완성하였다. FBR은 Hadrian X의 개발성과를 인정받아 2016년 Western Australian Innovator of the Year 상과 2019년 Robotics 분야의 Edison Award를 수상하였다.

ULC Technologies(미국)

ULC Technologies는 유틸리티 및 에너지 산업의 파이프라인과 인프라의 유지관리를 위한 인공지능 기반 로봇 솔루션을 개발하는 회사이다. ULC Technologies는 3D 시각화와 인공지능 기술, 지상 침투 레이더·전자파와 같은 센서를 사용한 지하 탐지 기술, 암 로봇Arm Robot을 사용한 맞춤형 콘크리트 절단 기술, 지하 시설물의 피해가 없는 특수 진공 굴착 헤드를 사용한 소프트 굴착 기술 등을 갖춘 Robotic Roadworks and Excavation System[RRES], 천연가스 운송 네트워크의 파이프 내부에서 조인트 유출을 감지하고 스스로 수리하는 CISBOT, 정기적인 가스 유틸리티 작업과 유지보수 및 건설 활동 중에 파이프 내에 고인 천연가스를 추출하여 외부로의 배출을 막는 DDC-125 등의 로봇을 생산하고 있다.

Skycatch(미국)

Skycatch는 건설 및 채굴 현장 지형에 대한 항공 데이터 수집과 처리, 시각화 및 분석 전문 회사이다. 물리적 환경에 대한 정보를 인덱싱하고 추출하는 데 주력하는 업계 최고의 데이터 수집·분석 회사로 하드웨어, 소프트웨어와 인공지능의 조합을 사용하여 전례 없는 속도와 사용 편의성으로 고정밀 데이터를 제공한다. Skycatch의 솔루션은 약 20개국 1만 개 이상의 건설·채굴 현장에서 사용되고 있다.

Skycatch의 3D Skycatch Vision Engine과 Skycatch Data Hub는 현장 지형의 3D 모델 구성, 기계학습을 통한 원치 않는 부재의 필터링, 로컬 좌표계에 대한 재투영, 3D 측정, 정확도 보고서 작성, 유효성 검사, 클라우드를 사용한 데이터 공유가 가능하다. Digital Surface Model^{DSM}, Digital Terrain Model^{DTM}, 메시 파일 등의 다양한 형식과 호환도 된다.

판3. 건물산업 혁신의 키워드, 인공지능과 빅데이터

4.1 인공지능·빅데이터 시대의 건설산업
4.2 인공지능·빅데이터가 할 수 있는 일과 없는 일
4.3 인공지능·빅데이터를 활용하는 회사와 인재
4.4 인공지능·빅데이터 시대의 건설 엔지니어와 교육

인공지능과 빅데이터로 변화될 건설산업의 미래

4

인공지능과 빅데이터로 변화될
건설산업의 미래

4.1
인공지능·빅데이터 시대의 건설산업

인공지능과 빅데이터 기술은 급격한 속도로 발전하고 있는 최신 정보통신기술들과 결합하여 산업의 다양한 곳에서 이전에는 예상하지 못하였던 변화와 발전을 만들어내고 있다. 인터넷, 전자, 물류, 첨단제조 등 인공지능과 빅데이터가 활발하게 적용되고 있다고 알려진 분야 외에도 다양한 산업에서 이들을 활용하는 사례가 늘어나고 있다. 일례로 농업 분야에서는 노동력 감소, 인구 증가, 높은 생산성 요구 등으로 인해 농업용 로봇의 개발이 가속화되고 있다. 농업의 각 단계에 필요한 인공지능 기반의 자율 로봇이 개발되어 사용되고 있으며, 농업용 로봇 시장은 2025년 약 230조 원 규모로 성장할 것으로 예측되고 있다. 광업 분야에서는 최근 주목받고 있는 자율주행 기술이 이미 2008년부터 활용되어 자율주행 트럭과 장거리 자율철도가 운영되고 있으며, 인공지능 기반의 광물탐사, 디지털 트윈 기반의 지능형 광산, 센서와 사물인터넷 기반의 유지보수 시스템이 사용되고 있다.

건설산업에서도 전 세계적으로 인공지능과 빅데이터의 활용 사례와 혁신적 스타트업들이 늘어나고 있다. 하지만 건설산업은 그 변화의 속도와 정도에서 다른 산업에 미치지 못하고 있으며, 결과적으로 4차 산업혁명, 디지털 전환, 뉴노멀로 대변되는 대전환의 시대에서 다소 뒤처져 있는 것으로 보인다. 매킨지의 분석에 따르면 최근 산업의 생산성 증대는 디지털화와 밀접한 관계가 있는 것으로 나타났다. 정보통신과 에너지 산업 등은 빠른 디지털화에 힘입어 괄목할 만한 생산성 증대를 이루었으며, 재래산업으로 인식되는 농·어업과 서비스 산업도 디지털화를 통해 생산성 향상을 이루고 있다. 이에 반해 건설산업은 디지털화와 생산성 향상 부분에서 모두 최하위를 나타내고 있다. 이러한 결과를 타 산업과는 구별되는 건설산업의 특성에 기인한다고 분석할 수 있지만, 최근의 건설산업을 둘러싼 환경변화를 고려한다면 산업의 경쟁력과 지속가능성을 확보하기 위한 변화가 시급하다.

많은 전문가는 인공지능과 빅데이터가 대부분의 산업에서 중요해질 것이며, 가까운 미래에 모든 기업이 인공지능을 활용

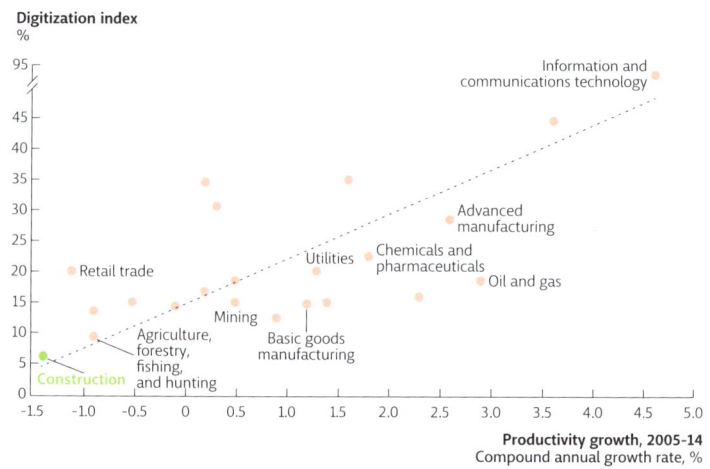

산업별 생산성 증가와 디지털화 수준[79]

79 McKinsey & Company(2017), Reinventing Construction: A Route to Higher Productivity

하게 될 것으로 전망한다. 건설산업에서도 인공지능과 빅데이터는 산업의 근간을 이루고, 몇몇 기업의 성공사례가 아닌 기업 경쟁력의 핵심으로 자리 잡을 것으로 예상한다. 도심지역의 주택공급, 교통 및 에너지시스템, 유지관리, 사회안전, 교육 및 의료체계 등의 문제를 종합적으로 해결하기 위한 빅데이터의 역할이 중요해지고, 스마트 시티의 구성 요소를 연결하는 인공지능 기반 시스템은 도시의 큰 틀을 이루게 된다. 건설 프로젝트의 기획, 계획, 설계 및 엔지니어링, 생산, 시공, 유지관리 등 일련의 공급사슬은 데이터 기반의 프로세스로 변화할 것이다. 각 단계의 업

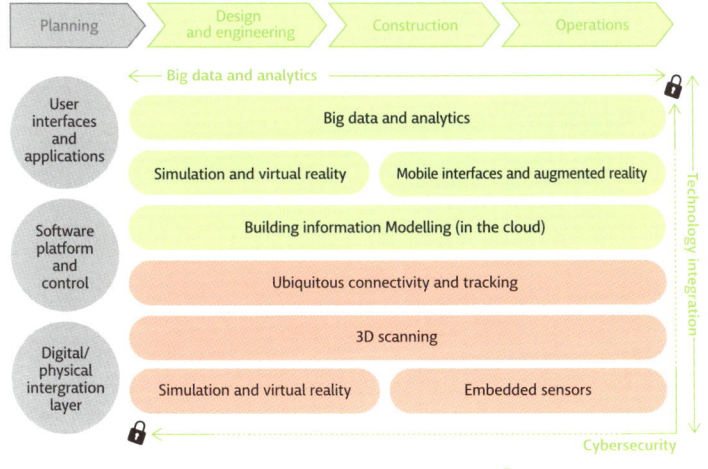

건설 프로젝트 공급사슬에 적용되는 디지털 기술[80]

[80] World Economic Forum(2016), Shaping the Future of Construction-A Breakthrough in Mindset and Technology

무는 전 공급사슬에서 획득한 빅데이터와 연계된 인공지능 시스템과의 협업으로 효율성이 향상되고, 각종 센서와 자동화 장비, 로봇의 도입이 점진적으로 이루어져 생산성이 높아질 것으로 보인다.

인공지능과 빅데이터로 변화될
건설산업의 미래

4.2
인공지능·빅데이터가
할 수 있는 일과 없는 일

인공지능·빅데이터가 실제 건설산업에서 효과적으로 활용되기 위해서는 이들이 무엇을 할 수 있고 무엇을 할 수 없는지를 명확하게 구분하는 안목이 필요하다. 그렇지 않으면 자칫 뭐든지 할 수 있는 만능상자로 인식하는 우를 범할 수 있다. 엔지니어나 근로자 개인으로서도 막연한 두려움을 느끼고 변화에 무조건 저항하려고 할 수 있다.

인공지능·빅데이터는 다음 다섯 가지 일을 함으로써 인간의 지능을 부분적으로 대체한다. 구체적으로 이러한 일이 무엇을 의미하고 어떤 기술과 연관이 되어 있는지는 2장에서 다룬 바 있다.

① 비정형 데이터로부터 정보를 만들어내기
② 획득한 데이터나 정보를 분석하기
③ 상황을 파악하기
④ 판단하고 추천하기
⑤ 최적의 대안을 만들어내기

오히려 인공지능·빅데이터가 할 수 없는 일에 대한 이해가 반드시 필요한데, 기본적으로 인공지능은 컴퓨터에 입력된 프로그램이고 빅데이터는 연결주의 인공지능이 학습에 필요로 하는 데이터라는 점을 주목해야 한다[81]. 얼핏 인공지능이라 하면 〈터미네이터〉나 〈아이언맨〉과 같은 영화를 떠올릴 수 있지만, 현재로

---

81 기호주의 인공지능은 학습에 필요한 데이터가 필요 없으며 추론엔진을 탑재한 인공지능에 인간이 직접적으로 지식을 입력한다.

서는 특정한 업무에서 인간의 분석·판단·결정을 대체하는 좁은 의미의 인공지능인 경우가 대부분이다. 따라서 인공지능·빅데이터가 특정 작업에서 인간의 일 처리 속도와 성과를 넘어서는 경우가 많지만, 다양한 내용을 스스로 학습하고 이를 분석과 판단에 적용할 수 있는 인간지능과는 차이가 있음을 알아야 한다. 예를 들어 이세돌 기사를 이겨 일약 슈퍼스타가 된 '알파고라' 할지라도 다른 컴퓨터 게임에 대한 학습 능력은 없다. 이를 가능케 하는 범용 인공지능[82], 슈퍼 인공지능[83] 등은 아직 구현하기 힘들다.

첫째, 인공지능·빅데이터는 가치판단이나 창의성을 발휘해야 하는 일에는 적용이 어렵다. 인공지능은 빅데이터를 분석하여 특정 규칙과 유형을 찾아내고 빅데이터에 속한 케이스를 분류하거나, 새로운 케이스를 특정 집단으로 판단하는 일에 능하다. 예를 들어 건축물에 설치된 센서 데이터를 분석하여 건축물의 붕괴 시점을 예측하는 일 등은 인공지능이 인간보다 매우 빠르고 정확하게 처리할 수도 있다. 하지만 데이터에서 찾을 수 없는 패턴을 새롭게 만들어내는 일에는 적용하기 힘들다. 최근 인공지능·빅데이터가 그림을 그리거나 소설을 쓰고 작곡을 하는 등 창의적인 일에 도전하고 있지만, 이는 기존의 작품 패턴을 분석하여 겉으로 보기에 그럴듯한 유사품을 만들어내는 것일 뿐 완전히 혁신적이고 새로운 창조물을 만들어내지는 못한다.

인공지능·빅데이터는 인간의 존엄성이나 기업 문화처럼 숫

---

[82] 인간의 두뇌와 대등한 수준으로 다방면에 적용이 가능한 인공지능
[83] 모든 면에서 인간보다 뛰어난 인공지능으로 공상과학 영화나 소설에 등장하는 인공지능

자로 표현하기 어려운 가치가 포함된 일에 대해서는 잘못된 의사결정을 내릴 수 있다. 예를 들어 빅데이터 분석이 경우에 따른 대출금 회수 가능성을 분석하는 데는 유용하게 활용될 수 있다. 만약 어려운 여건에 있는 사람들의 대출금 회수 가능성이 매우 낮다고 분석될 경우라도 이들에게 대출을 계속해 줄지 말지에 대한 판단은 사회적 비용이나 인간의 존엄성 등을 종합하여 인간이 내려야 한다.

둘째, 인공지능·빅데이터는 두 가지 상반된 정보나 데이터가 시스템에 입력되었을 때 어느 것이 진실인지 알기 어렵다. 연결주의 인공지능에서 결국 컴퓨터는 주어진 빅데이터의 분석을 통해 의미 있는 패턴을 찾아내는 것이기 때문에 데이터 자체의 정확도 여부는 컴퓨터가 스스로 이해하기 어렵다. 인공지능에 지식을 직접 공급해야 하는 기호주의의 경우에는 컴퓨터가 내리는 판단의 기초가 되는 지식 자체가 거짓일 수 있어 이는 큰 문제를 일으킬 가능성이 있다. 데이터나 지식이 상충할 경우 어느 것이 진실인지는 오직 인간이 판단해 주어야 한다.

셋째, 인공지능의 판단은 인간에게 큰 영향을 끼칠 수 있으므로 인공지능의 판단과 행위 자체가 윤리적이어야 함은 반론의 여지가 없다. 하지만 인공지능은 컴퓨터에 입력된 프로그램이므로 어떤 상황을 파악하고 최적의 대안을 만들어내는 데 있어 스스로 윤리적인 판단을 할 수 없다. 따라서 인공지능 윤리는 결국 인공지능을 개발하는 인간들이 지켜야 하는 윤리임을 명심해야 한다. 우리나라에서도 한국인공지능윤리협회[84]가 설립되어 2019년 인공지능 윤리헌장을 발표하였다. 여기에는 인간과 인공지능의 관계, 선하고 안전한 인공지능, 인공지능 개발자의 윤리, 인공지능 소비자의 윤리, 공동의 책임 및 이익 공유와 관련된 내용이 담겨 있다.

빅데이터 분야에서도 데이터 이용 활성화와 이용자의 윤리적인 사용을 위하여 개인정보보호법·신용정보법·정보통신망법을 포함하는 데이터 3법 개정안이 2020년부터 시행되고 있는데, 통계처리나 연구 목적으로 수집된 가명 정보[85]의 활용 방법을 제공하고 있다.

---

84 https://kaiea.org/
85 개인정보를 가명 처리함으로써 원래의 상태로 복원하기 위한 추가 정보의 사용이나 결합 없이는 특정 개인을 알아볼 수 없는 정보로서 개인의 사생활 침해 문제를 피하면서 정보를 활용할 수 있도록 함

인공지능과 빅데이터로 변화될
건설산업의 미래

4.3
인공지능·빅데이터를 활용하는 회사와 인재

대부분의 건설 관련 기업들은 가까운 미래에 인공지능을 활용하게 될 것이며, 인공지능·빅데이터의 활용 전략과 수준은 기업의 경쟁력을 결정하는 주요한 요인 중 하나로 등장하게 될 것으로 전망된다. 기획, 계획, 설계 및 엔지니어링, 생산, 시공, 유지관리 등의 공급사슬 단계에서 각 기업의 전문성과 노하우는 인공지능·빅데이터 기술과 여타 4차 산업혁명 기술 등과 결합하여 다양한 형태의 제품과 서비스를 만들어 낼 것이다.

기획 및 계획 단계에서는 도시·경제·사회 관련 빅데이터를 기반으로 한 도시계획과 최적 단지계획 등이 가능해지고, 설계 및 엔지니어링 단계에서는 생성적 설계Generative Design와 설계지원·최적화 등이 보편적으로 사용되며, 생산 및 시공 단계에서는 스마트 프로젝트 관리와 자동화 장비의 도입이 증가할 것으로 예측된다. 건설 분야와는 다소 차이가 있겠지만 인공지능·빅데이터가 폭넓게 적용되고 있는 제조업의 사례[86]를 보면 디지털 트윈(제품개발, 디자인 커스터마이징, 생산관리, 물류최적화), 선제적 유지관리, 생성적 설계, 원자재 가격 예측, 산업용 로봇, 에지분석[87] Edge Analytics, 품질보증, 재고관리, 프로세스 최적화에서 인공지능·빅데이터가 가장 많이 활용된다. 이를 통해 향후 인공지능·빅데이터의 적용 방향을 예측해 볼 수 있다.

이러한 건설산업에서의 인공지능·빅데이터의 활용은 단일 프로세스 개선과 요소 기술 개발에 그치지 않고 일하는 방식의

---

86 https://research.aimultiple.com/manufacturing-ai/
8/ 수집된 데이터를 중앙의 데이터 저장소로 보내는 대신 센서와 스위치 등의 비중심 구성요소에서 분석하는 방식

전반적인 변화를 가져올 가능성이 크다. 과거의 전기와 컨베이어벨트 등의 대량생산 기술과 컴퓨터·인터넷 등의 정보통신기술을 활용해 발전하였던 대부분의 산업은 해당 기술을 기반으로 업무 프로세스의 혁신을 이루었으며, 최근 다양한 산업영역에서 인공지능·빅데이터를 포함한 4차 산업혁명 기술을 기반으로 새로운 혁신을 이루기 위해 노력하고 있다. 건설산업에서도 이와 유사한 변화가 일어날 것으로 예상되지만, 건설산업 목적물의 종류가 다양하며 규모가 크고, 건축시설물 간 의존성이 높은 네트워크를 이루고 있으며, 옥외에서 인력과 장비를 동원해 물리적인 대상을 구현하는 등의 특성이 있다. 이를 고려할 때 컴퓨터와 인터넷 기반의 3차 산업혁명보다 인공지능·빅데이터, 가상·증강현실, 3D 프린팅, 사물인터넷, 로봇 등 데이터 분석과 활용, 생산기술 기반의 4차 산업혁명의 영향이 훨씬 클 것으로 생각된다.

인공지능·빅데이터를 활용하는 기업의 화두는 단연 '데이터'가 될 것이다. 빅데이터라는 용어 자체가 이미 많은 데이터를 활용하는 것을 의미하지만, 단순히 많은 데이터가 아닌 활용목적에 맞는 적절한 데이터를 보유하는 것이 기업의 경쟁력이 된다. 현재 개발되고 있는 대부분의 인공지능은 예측과 분류를 하는 약한 인공지능으로, 주어진 영역에서 반복적인 업무와 복잡한 판단을 매우 효율적으로 수행하는 것을 목적으로 한다.

이러한 인공지능을 개발하기 위해서는 직접적으로 연관된

데이터의 양이 매우 많아야 하며, 데이터의 양과 질이 인공지능의 성패를 좌우하게 된다. 모라벡의 역설[88]처럼 인공지능은 특정한 분야에서 전문가 수백 명 이상의 전문성을 나타내지만, 유아도 할 수 있는 의사소통과 걷기 등의 일상적인 행위는 매우 어렵다. 기업의 업무 프로세스에서 인공지능을 효과적으로 적용하기 위해서는 활용목적과 시나리오가 명확해야 하며, 이와 관련된 업무 관련 지식·노하우와 연계된 분야의 데이터가 충분히 수집되어야 한다.

언젠가는 인공지능이 인간의 업무를 대체할 거라는 막연한 우려가 만연하지만, 인공지능·빅데이터를 활용하는 기업의 가장 중요한 경쟁력은 '인재'이다. 일정 부분에선 인공지능이 인간을 대신해 수행하는 업무가 생겨나겠지만, 인공지능 구현을 위한 데이터화가 어렵거나 충분한 데이터의 확보가 어려운 창의적인 업무, 정형화하기 어려운 업무는 여전히 인간의 영역이다. 또한 인공지능을 구현하는 과정에서도 인재는 데이터에 가치를 더하는 역할을 하게 된다. 기업에서 수행하는 업무 영역에 대해 인공지능을 구현하는 단계에서 해당 분야의 전문가가 보유하고 있는 도메인 지식[89]은 절대적인 부분을 차지한다.

대부분의 기업이 지닌 근본적인 경쟁력은 인공지능 자체가 아닌 사업 분야에서의 기술과 노하우의 우위에서 발생한다. 기업의 인재는 기술과 노하우를 이해하고, 인공지능을 활용하는 과

88　컴퓨터가 지능검사나 체스게임 등을 하는 데 있어서는 성인 수준의 능력을 보여줄 수 있으나, 흰 실배기 아이가 하는 인식과 이동을 하기는 어렵다는 역설
89　전문화된 학문이나 분야의 지식

정에서 전략을 수립하고 이행하는 역할을 하게 된다. 향후 기업에서의 업무수행은 효율성을 높이기 위한 인공지능과 인간의 협업이 주를 이룰 것으로 예상된다. 정형화되고 반복적인 업무를 수행하는 인공지능과 이를 활용한 인간의 비정형의 창의적인 업무수행은 매우 큰 시너지 효과를 낼 수 있다. 영화 〈아이언맨〉의 주인공 토니 스타크와 인공지능 비서 자비스처럼 공상과학적 수준은 아니더라도, 이미 다양한 산업 분야에서 인간과 인공지능의 협업은 놀라운 수준의 성과를 거두고 있다.

인공지능과 빅데이터로 변화될
건설산업의 미래

4.4
인공지능·빅데이터 시대의 건설 엔지니어와 교육

인공지능 분야 세계 시장은 2017년 14억 달러(약 1조 6,425억 원)에서 2022년 160억 달러(약 18조 7,712억 원) 규모로 예상되며 연평균 63% 수준으로 성장 중이다[90]. 빅데이터와 비즈니스 분석 시장도 연평균 13%의 성장률을 보이고 있으며 이미 2019년 매출액이 1,800억 달러(약 211조 1,760억 원) 규모에 이르고 있다[91]. 이러한 숫자는 조사 범위와 방식에 따라 10배 정도의 차이를 보일 정도로 매우 다르게 나타나지만, 인공지능·빅데이터 분야가 매우 빠르게 성장하고 있음은 공통적으로 관측이 되는 현상이다. 이에 따라 인공지능·빅데이터 전문가에 대한 수요는 매년 증가하고 있지만[92], 국내 인공지능 인력은 매우 부족한 실정이다.

건설산업에서도 인공지능·빅데이터를 포함한 4차 산업혁명 기술이 혁신의 동력으로 인식되고 있지만, 건설 엔지니어들의 기술 습득과 준비도는 여전히 제한적으로 평가된다. 2021년 한국건설관리학회에서 수행한 설문조사에 따르면 4차 산업혁명 기술이 건설산업에 미칠 영향이 크다(5점 만점에 4.07)고 응답한 반면 본인의 준비도는 보통 혹은 다소 미흡하다(5점 만점에 2.87)고 응답하였다. 특히 인공지능·빅데이터 분야에 대해서는 개념은 알고 있지만 실제 사용한 적이 없다(5점 만점에 2.96)고 응답하여, 인공지능·빅데이터는 아직 건설 엔지니어에게 멀게 느껴지는 것처럼 보인다.

하지만 역으로 얘기하자면 인공지능·빅데이터를 다룰 수 있

---

90 https://spri.kr
91 http://www.epnc.co.kr/news/articleView.html?idxno=112304
92 서대호, 1년 안에 AI 빅데이터 전문가가 되는 법, 반니, 2020

는 건설 엔지니어의 수요가 많아지고, 해당 분야 전문가의 몸값은 높아질 가능성이 크다. 젊은 건설 엔지니어들에게 인공지능·빅데이터 기술이란 스스로의 가치를 높일 수 있는 기회인 셈이다. 건설산업에 진출하는 학생들에게도 마찬가지이다. 인공지능·빅데이터 기술의 습득은 취업, 경력 개발, 기술창업 등에 모두 적용할 수 있는 필수 기술이다.

그럼 어떻게 건설 엔지니어를 교육하고 양성하여야 할까? 답을 쉽게 내리기 어렵지만, 한국건설관리학회에서 수행한 설문조사를 통해 건설 엔지니어들과 예비 엔지니어들인 학생들이 무엇을 원하는지는 확인할 수 있다. 다음장 그림은 학생들이 4차 산업혁명 준비 중 대학교육에 바라는 것을 최대 3개 항목까지 복수 선택하도록 한 결과이다. 실습 교육의 강화(65%)를 가장 많이 바라고 있으며, 4차 산업혁명 관련 정보 제공(49%)과 전공 커리큘럼 개편(46%)에 대한 요구도 높은 편이다.

전공 커리큘럼에 포함되었으면 하는 희망 기술 또한 최대 3개 항목까지 선택하도록 하였는데, 빅데이터·인공지능(63%)과 BIM(61%)에 대한 교육을 가장 많이 요구하였다. 공장에서 부재를 생산하는 OSC 생산방식에 대한 교육(41%)에 대한 수요도 높은 것으로 나타났다. 건설산업에 종사하고 있는 실무자의 경우에도 교육의 필요성을 느끼는 기술 항목은 비슷한 것으로 나타났다.

하지만 현재 대학교육의 커리큘럼에 BIM 외에 빅데이터와 인공지능에 대한 내용은 크게 들어와 있지 못한 실정이다. 전통적인 커리큘럼의 중요성을 간과할 수는 없지만 혁신을 위한 변화가 필요한 시점임을 인지하여야 한다. 따라서 확률과 통계, 컴퓨터 프로그래밍 등 다소 전통적인 교과 과정에 더해 이들 과목을 빅데이터 분석, 인공지능 모듈 활용 등으로 확대시키기 위한 노력이 필요하다. 동시에 드론/무인항공기, AR/VR과 같은 빅데이터와 인공지능에의 입력 데이터 수집 및 처리 기술, 그리고 OSC, 로보틱스와 같은 빅데이터와 인공지능 애플리케이션 관련 기술에 대한 교육과 실습 커리큘럼 또한 개발되어야 한다. 건설산업 혁신의 성패가 인공지능·빅데이터에 전문성을 가진 건설 엔지니

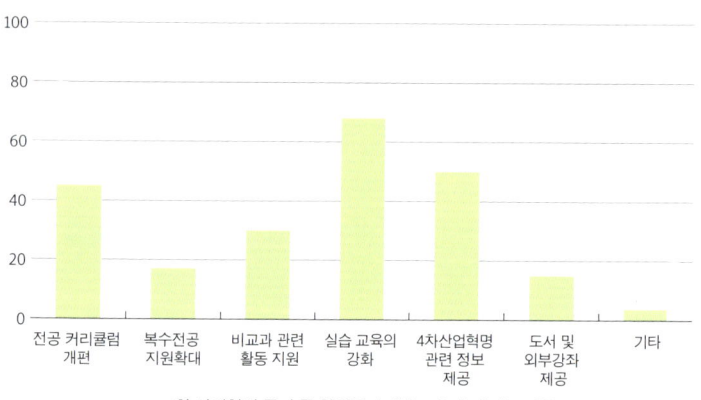

4차 산업혁명 준비 중 학생들이 대학교육에 바라는 것들

어 양성에 달려 있음을 인지한다면, 대학을 비롯한 교육기관들은 지금껏 해왔던 관성에 매몰되지 않고 인공지능·빅데이터 시대의 건설 엔지니어 교육을 위한 새로운 도전에 나서야 할 것이다.

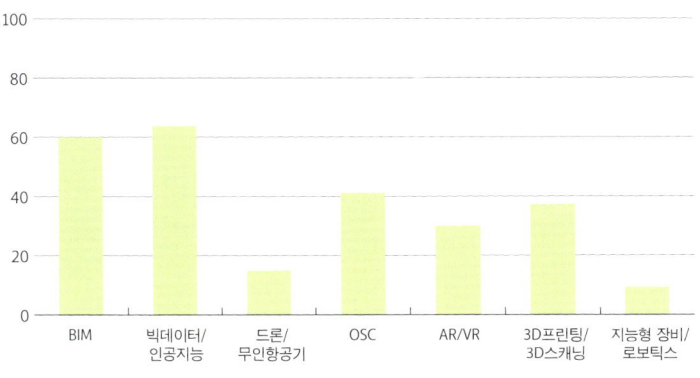

전공 커리큘럼 개편에 포함되기를 희망하는 4차 산업혁명 기술

참고문헌

강경인(2006), 건설자동화 기술의 현황 및 전망, 건설기술, 쌍용, 40, 8-13

국회입법조사처(2018), 해외 주요 국가의 인프라 유지관리 시스템 연구

김대수(2020), 처음 만나는 인공지능, 생능출판

김명락(2020), 이것이 인공지능이다, 슬로디미디어

서대호(2020), 1년 안에 AI 빅데이터 전문가가 되는 법, 반니

Accenture(2021), Seven Trends Transforming the Construction Marketplace

Chaillou, S.(2019), AI + Architecture: towards a new approach, Harvard University 188

Eastman, C. 등(2014), BIM 핸드북, 이강 등 역, 시공문화사

Ernst & Young(2020), Technological Advancements Disrupting the Global Construction Industry

International Atomic Energy Agency(2020), Energy, Electricity and Nuclear Power Estimates for the Period up to 2050

International Energy Agency(2019), 2019 Global Status Report for Buildings and Construction

McKinsey & Company(2017), Reinventing Construction: A Route to Higher Productivity

McKinsey & Company(2020), The next normal in construction

United Nations(2018), 68% of the world population projected to live in urban areas by 2050

United Nations(2019), Exposure and vulnerability to natural disasters for world's cities

World Economic Forum(2016), Shaping the Future of Construction: A Breakthrough in Mindset and Technology

대한건설정책연구원 학술총서
제3권
건설산업 혁신의 키워드, 인공지능과 빅데이터

글쓴이
손정욱, 김태완

발행인
유병권

발행일
2021년 10월 31일

발행처
대한건설정책연구원
서울시 동작구 보라매로5길 15, 13층
(신대방동, 전문건설회관)
Tel : 02-3284-2600 / Fax : 02-3284-2620

편집제작
(주)사월오일

교정교열
양지선, 엄민용

디자인
김효진

ISBN
978-89-97748-93-8 03540

값
9,000원

Copyright(c) 2021 RICON. All Rights Reserved.
· 이 책은 저작권법에 의해 보호받는 책입니다.(저작권이 협의되지 않은 이미지는 추후 협의하겠습니다)
· 저자와의 협의 없는 무단전재 및 복제를 금지합니다.
· 잘못된 책은 구입한 곳에서 바꿔드립니다.